全国职业培训推荐教材
人力资源和社会保障部教材办公室评审通过
适合于职业技能短期培训使用

维修电工基本技能

（第二版）

中国劳动社会保障出版社

图书在版编目(CIP)数据

维修电工基本技能/朱照红主编. —2 版. —北京：中国劳动社会保障出版社，2009

职业技能短期培训教材
ISBN 978-7-5045-8102-0

Ⅰ.维… Ⅱ.朱… Ⅲ.电工-维修-基本知识 Ⅳ.TM07
中国版本图书馆 CIP 数据核字(2009)第 220382 号

中国劳动社会保障出版社出版发行

(北京市惠新东街 1 号 邮政编码：100029)

出 版 人：张梦欣

*

郑州市运通印刷有限公司印刷装订 新华书店经销
850 毫米×1168 毫米 32 开本 6.875 印张 169 千字
2009 年 12 月第 2 版 2020 年 8 月第 23 次印刷
定价：13.00 元

读者服务部电话：(010) 64929211/84209101/64921644
营销中心电话：(010) 64962347
出版社网址：http://www.class.com.cn

版权专有 侵权必究

如有印装差错，请与本社联系调换：(010) 81211666
我社将与版权执法机关配合，大力打击盗印、销售和使用盗版图书活动，敬请广大读者协助举报，经查实将给予举报者奖励。
举报电话：(010) 64954652

前言

　　职业技能培训是提高劳动者知识与技能水平、增强劳动者就业能力的有效措施。职业技能短期培训，能够在短期内使受培训者掌握一门技能，达到上岗要求，顺利实现就业。

　　为了适应开展职业技能短期培训的需要，促进短期培训向规范化发展，提高培训质量，中国劳动社会保障出版社组织编写了职业技能短期培训系列教材，涉及二产和三产百余种职业（工种）。在组织编写教材的过程中，以相应职业（工种）的国家职业标准和岗位要求为依据，并力求使教材具有以下特点：

　　短。教材适合15～30天的短期培训，在较短的时间内，让受培训者掌握一种技能，从而实现就业。

　　薄。教材厚度薄，字数一般在10万字左右。教材中只讲述必要的知识和技能，不详细介绍有关的理论，避免多而全，强调有用和实用，从而将最有效的技能传授给受培训者。

　　易。内容通俗，图文并茂，容易学习和掌握。教材以技能操作和技能培养为主线，用图文相结合的方式，通过实例，一步步地介绍各项操作技能，便于学习、理解和对照操作。

　　这套教材适合于各级各类职业学校、职业培训机构在开展职业技能短期培训时使用。欢迎职业学校、培训机构和读者对教材中存在的不足之处提出宝贵意见和建议。

人力资源和社会保障部教材办公室

简介

本书根据国家职业标准维修电工的知识技能要求设计了 6 个单元，共 24 个任务。每个任务实施由知识链接、训练准备、训练要领和安全警示等环节构成。主要内容包括：维修电工基本操作与电气安全，室内外配线安装与维修，电动机拆装、维修与控制，车间机电设备安装与维修，电子技术基本技能等。考虑到农村用电需求，特别增加了常用的农村电气设备安装与维修的选学内容。

另外，限于篇幅和培训课时影响，本书未介绍直流电路和电磁感应等基础知识，所以培训前学员可根据情况补充这方面的知识。

本书由朱照红主编，李明华副主编，邵展图参编。

目录

单元一　维修电工基本操作和电气安全 ………………（ 1 ）
　　任务 1　维修电工基本操作 ……………………………（ 1 ）
　　任务 2　低压验电器使用 ………………………………（ 21 ）
　　任务 3　停电检修安全技术 ……………………………（ 24 ）
　　任务 4　触电急救 ………………………………………（ 29 ）

单元二　室内外配线安装与维修 ………………………（ 36 ）
　　任务 1　室外架空配线和维护 …………………………（ 36 ）
　　任务 2　电能表及低压电器安装和维护 ………………（ 56 ）
　　任务 3　室内配线和质量检查 …………………………（ 69 ）
　　任务 4　照明线路安装与维修 …………………………（ 77 ）

单元三　电动机拆装、维修与控制 ……………………（ 94 ）
　　任务 1　电动机拆装与维修 ……………………………（ 94 ）
　　任务 2　按钮—接触器控制电动机正反转与维修 ……（113）

单元四　车间机电设备安装与维修 ……………………（125）
　　任务 1　小型起重机电路识读与故障维修 ……………（126）
　　任务 2　立式钻床电路识读与简单故障排除 …………（134）
　　任务 3　普通车床电路识读与简单故障维修 …………（143）

* **单元五　农村电气设备安装与维修** ……………………… (153)

　　任务1　农田排灌设备安装和电路检修 ……………… (153)
　　任务2　自动喷灌设备安装和电路检修 ……………… (159)
　　任务3　农村蔬菜、花卉大棚电气控制线路安装与检修
　　　　　…………………………………………………… (167)
　　任务4　稻谷加工机械设备电气维修 ………………… (173)

单元六　电子技术基本技能 ……………………………… (181)

　　任务1　电阻器识别与检测 …………………………… (181)
　　任务2　电容器识别与检测 …………………………… (187)
　　任务3　电感器识别与检测 …………………………… (192)
　　任务4　半导体管识别与检测 ………………………… (196)
　　任务5　电气元件整形和焊接技术 …………………… (201)
　　任务6　简单稳压电源安装和调试 …………………… (207)
　　任务7　三极管单管放大电路安装和调试 …………… (209)

---

* 为选学内容。

单元一 维修电工基本操作和电气安全

> **学习目标**
>
> 本单元内容包括维修电工基本操作、低压验电器的使用、停电检修安全技术和触电急救技术4项学习任务。要求结合文后的技能训练项目,重点掌握好电工基本工具的规范操作和安全注意事项,这是初级维修电工的基本功,也将直接影响今后的维修质量和作业效率。触电急救训练是维修电工岗前考核的必修内容,每位初学者都必须熟练掌握其操作要领。

任务1 维修电工基本操作

 任务分解

1. 认识常用电工工具,并学会正确选用。
2. 认识常用电工材料,并能根据用途合理选择。
3. 能够熟练运用电工工具完成导线基本连接。

【知识链接】

一、认识常用电工工具

1. 螺钉旋具

旋具又称旋凿、起子、改锥或螺丝刀,是一种紧固、拆卸螺钉的工具。

螺钉旋具的式样和规格很多,按头部形状不同可分为一字形和十字形两种,如图1—1所示。

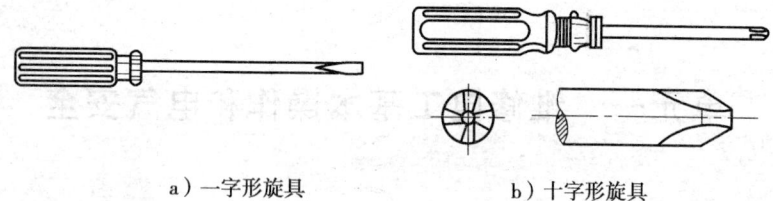

a) 一字形旋具　　　　b) 十字形旋具

图1—1　螺钉旋具

一字形螺钉旋具常用规格有 50 mm、100 mm、150 mm 和 200 mm 等,电工必备的规格是 50 mm 和 150 mm 两种。十字形螺钉旋具专供紧固或拆卸十字槽的螺钉,常用的规格型号有4种: Ⅰ 号适用于螺钉直径为 $\phi 2 \sim 2.5$ mm, Ⅱ 号适用于螺钉直径为 $\phi 3 \sim 5$ mm, Ⅲ 号适用于螺钉直径为 $\phi 6 \sim 8$ mm, Ⅳ 号适用于螺钉直径为 $\phi 10 \sim 12$ mm。

(1) 使用时的安全注意事项

1) 电工不可使用金属杆直通柄顶的螺钉旋具,否则使用时很容易造成触电事故。

2) 使用螺钉旋具紧固或拆卸带电的螺钉时,手不得触及螺钉旋具的金属杆,以免发生触电事故。

3) 为了避免螺钉旋具的金属杆触及皮肤或触及邻近带电体,应在金属杆上套穿绝缘管。

(2) 使用方法

1) 大螺钉旋具的使用。大螺钉旋具一般用来紧固较大的螺钉。使用时,除大拇指、食指和中指要夹住握柄外,手掌还要顶住柄的末端,这样可防止旋转时滑脱,用法如图1—2a所示。

2) 小螺钉旋具的使用。小螺钉旋具一般用来紧固电气装置接线桩上的小螺钉。使用时,可用大拇指和中指夹着握柄,用食指顶住柄的末端捻旋,用法如图1—2b所示。

3) 较长螺钉旋具的使用。可用右手压紧并转动手柄,左手握住螺钉旋具的中间部分，以使螺钉旋具不致滑脱，此时左手不得放在螺钉的周围，以免螺钉旋具滑出时将手划伤。

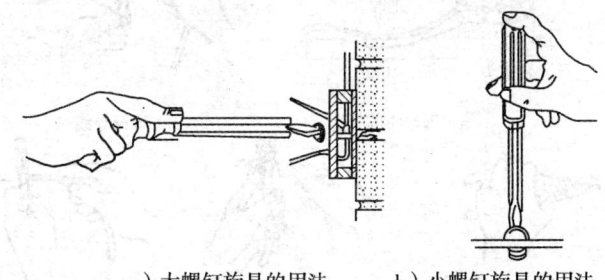

a）大螺钉旋具的用法　　　b）小螺钉旋具的用法

图 1—2　螺钉旋具的使用方法

2. 钢丝钳

钢丝钳有铁柄和绝缘柄两种，绝缘柄为电工用钢丝钳，绝缘柄的耐压大于 500 V，常用的规格有 150 mm、175 mm 和 200 mm 3 种。

电工钢丝钳由钳头和钳柄两部分组成，如图 1—3a 所示，钳头由钳口、齿口、刀口和铡口 4 部分组成。电工钢丝钳用途很多：钳口用来弯绞或钳夹导线线头，如图 1—3b 所示；齿口用来紧固或旋松螺母，如图 1—3c 所示；刀口用来剪切导线或剖削软导线绝缘层，如图 1—3d 所示；铡口用来铡切导线线芯、钢丝或铁丝等软硬金属，如图 1—3e 所示。

电工钢丝钳使用时应注意：

（1）使用电工钢丝钳以前，必须检查绝缘柄的绝缘是否完好。绝缘如果损坏，进行带电作业时会发生触电事故。

（2）用钢丝钳剪切带电导线时，不得用刀口同时剪切相线（火线）和中性线（零线），或同时剪切两根相线，以免发生短路故障。

3. 尖嘴钳

尖嘴钳的头部尖细，呈细长圆锥形，在接近端部的钳口上有

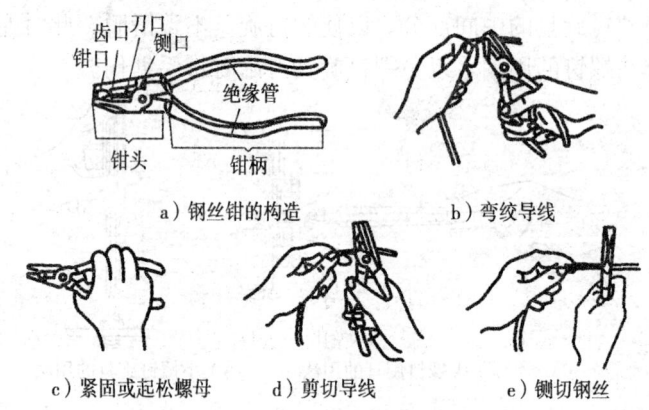

图1—3 电工钢丝钳的构造和用途

一段菱形齿纹,适用于在狭小的工作空间操作。根据钳头的长度,尖嘴钳可分为短钳头(钳头约为钳子全长的1/5)和长钳头(钳头约为钳子全长的2/5)两种。尖嘴钳也有铁柄和绝缘柄两种,绝缘柄的耐压强度为500 V。其外形如图1—4所示。

常用尖嘴钳的规格有130 mm、160 mm、180 mm和200 mm 4种。目前常见的多数是带刃口的,既可夹持零件又可剪切细金属丝。尖嘴钳的用途包括:

(1)带有刃口的尖嘴钳能剪断细小金属丝。

(2)尖嘴钳能夹持较小的螺钉、垫圈、导线等元件进行操作。

(3)在装接控制线路板时,尖嘴钳能将单股导线弯成一定圆弧的接线鼻子。

4. 断线钳

断线钳又称斜口钳,钳柄有铁柄、管柄和绝缘柄3种形式,其中电工用的绝缘柄断线钳的外形如图1—5所示,其耐压强度为1 000 V。

断线钳专用于剪断较粗的金属丝、线材及电线电缆等。常用

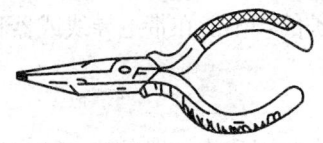 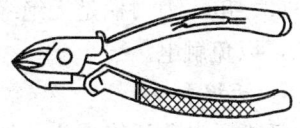

图 1—4 尖嘴钳　　　　　图 1—5 断线钳

断线钳的规格有 130 mm、160 mm、180 mm 和 200 mm 4 种。

5. 剥线钳

剥线钳是用于剥削小直径导线绝缘层的专用工具，其外形如图 1—6 所示。它的手柄是绝缘的，耐压强度为 500 V。

剥线钳的规格有 140 mm（适用于剥削直径为 $\phi 0.6$ mm、$\phi 1.2$ mm 和 $\phi 1.7$ mm 的铝、铜线）和 180 mm（适用于剥削直径为 $\phi 0.6$ mm、$\phi 1.2$ mm、$\phi 1.7$ mm 和 $\phi 2.2$ mm 的铝、铜线）。

使用剥线钳时，将要剥削的绝缘长度用标尺定好以后，即可把导线放入相应的刃口中（比导线线芯的直径稍大），用力握钳柄，导线的绝缘层即可被割破而自动弹出。

6. 电工刀

电工刀是用来剖削电线线头、切割木台缺口、削制木榫的专用工具，其外形如图 1—7 所示。

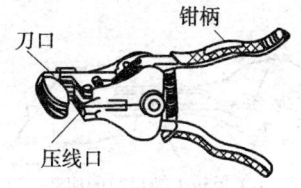 

图 1—6 剥线钳　　　　　图 1—7 电工刀

使用电工刀时应将刀口朝外剖削，剖削导线绝缘层时，应使刀面与导线成较小的锐角，以免割伤导线。

电工刀使用时应注意：

（1）使用时，应注意避免伤手。

（2）电工刀用毕，应立即将刀身折进刀柄。

(3) 电工刀刀柄是无绝缘保护的,不能在带电导线或器材上剖削,以免触电。

7. 活扳手

活扳手又称活络扳头,是用来紧固和旋松螺母的一种专用工具。

活扳手由头部和柄部组成,头部由活扳唇、呆扳唇、扳口、蜗轮和轴销等组成,如图1—8a所示。旋动蜗轮可调节扳口的大小。规格是用长度×最大开口宽度(单位mm)来表示,电工常用的活扳手有150 mm×19 mm(6英寸即6 in)、200 mm×24 mm(8英寸即8 in)、250 mm×30 mm(10英寸即10 in)和300 mm×36 mm(12英寸即12 in)4种。

活扳手使用时应注意:

(1) 扳动大螺母时,需要较大力矩,手应握在近柄尾处,如图1—8b所示。

(2) 扳动较小螺母时,需要力矩不大,但螺母过小易打滑,故手应握在接近头部的地方,如图1—8c所示。操作时可随时调节蜗轮,收紧活扳唇,防止扳手打滑。

(3) 活扳手不可反用,以免损坏活扳唇;也不可用钢管接长

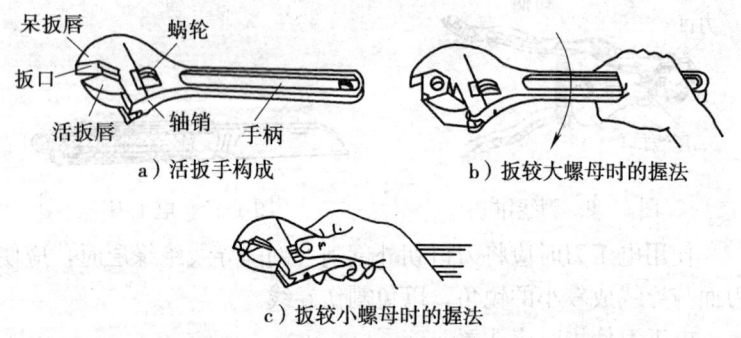

a) 活扳手构成　　　　b) 扳较大螺母时的握法

c) 扳较小螺母时的握法

图1—8　活扳手的构造和使用方法

手柄来施加较大的扳拧力矩。

（4）活扳手不得当做撬棒和锤子使用。

8. 电工用錾

电工用錾按用途不同有麻线錾、小扁錾和长錾等，其外形如图 1—9 所示。

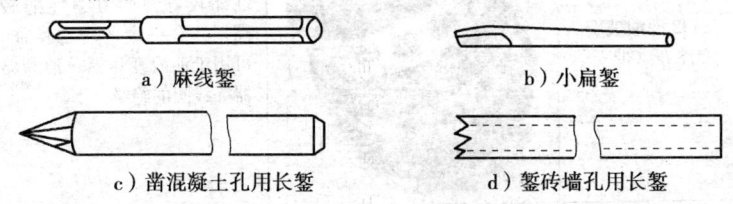

图 1—9　电工用錾

麻线錾也叫圆锥錾，用来錾打混凝土结构建筑物的木榫孔。电工常用的麻线錾有 16 号和 18 号两种，16 号的可凿直径约 $\phi 8$ mm 的木榫孔，18 号的可凿直径约 $\phi 6$ mm 的木榫孔。凿孔时，要用左手握住麻线錾，并要不断地转动錾子，使灰沙碎石及时排出。小扁錾是用来凿打砖墙上的方形木榫孔。电工常用的是凿口宽约 12 mm 的小扁錾。长錾是用来凿打穿墙孔的，用来凿打混凝土穿墙孔的长凿由中碳圆钢制成；用来凿打穿砖墙孔的长凿由无缝钢管制成。长錾直径分为 $\phi 19$ mm、$\phi 25$ mm 和 $\phi 30$ mm 3 种，长度通常有 300 mm、400 mm 和 500 mm 等多种。使用时，应不断旋转，及时排出碎屑。

二、认识常用电工材料

1. 绝缘材料

绝缘材料主要用做隔离带电的或不同电位的导体，有时绝缘材料还起机械支撑、保护导体和防电晕、灭弧等作用。在电工产品的生产和实践中，常用的绝缘材料主要有绝缘浸渍漆、电缆浇注胶、浸渍纤维制品、层压制品、绝缘纸、黑胶布带和聚氯乙烯带等，其产品外形及选用见表 1—1。

表 1—1　　　　　常用绝缘材料选用

名称	外形	选用
2432 醇酸玻璃漆布（带）		电气性能、耐油性和耐潮性都较好，且力学性能较高，具有一定的防霉性能，可用于油浸变压器、油断路器等线圈的绝缘
2730 醇酸玻璃漆管		具有良好电气性能和力学性能，耐油性、耐潮性较好，但弹性较差。主要用做电动机、电器和仪表的引出线或连接线的绝缘套管
绑扎带	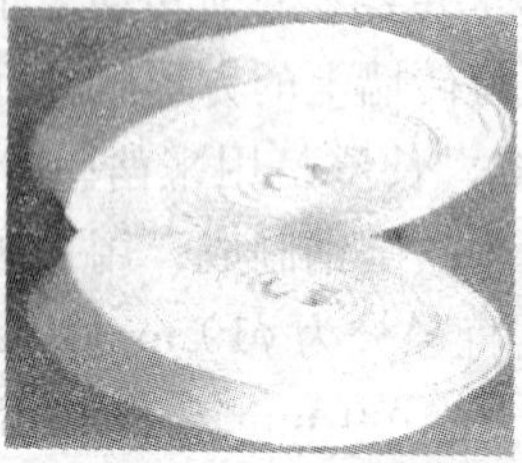	脂浸渍无碱玻璃纤维绑扎带是由无碱玻璃纤维带浸渍专用树脂处理而成，主要用于绑扎变压器铁心和电动机转子绕组端部，可使电动机、电器等获得更优越的绝缘性能
绝缘纸		通常称为青壳纸，可用于绝缘保护材料和耐振绝缘零部件

续表

名称	外形	选用
黑胶布带		用于低压导线、电缆接头的绝缘包扎
聚氯乙烯带		绝缘性能较好，耐潮性及耐蚀性好。其中电缆用特种软聚氯乙烯带是专门用来包扎电缆接头的，常制成黄色（U相）、绿色（V相）、红色（W相）、黑色（中性线）等几种颜色，又称为相色带

2. 电线电缆

常用的电线电缆按性能、结构、制造工艺及使用场合不同，可分为裸导线、电磁线、橡胶绝缘电线、聚氯乙烯绝缘导线、电焊机电缆和橡套软电缆6种，其外形、型号及用途见表1—2。

表1—2　　　　　　常用电线电缆选用

种类	外形	常用型号/名称/结构	用途
裸导线		裸单线有TY（铜硬）、TR（铜软）、LY（铜硬）、LR（铝软）等几种型号	裸单线一般用做电线、电缆的线芯及电动机、电器及变压器的绕组
		国产的架空电力裸绞线有LJ型硬铝绞线、LGJ钢芯铝绞线、TRJ型软铜绞线等几种	裸绞线是将多根圆单线绞合在一起的绞合线，这种线软且有足够的强度，主要用做架空电力线、电缆线芯等

续表

种类	外形	常用型号/名称/结构	用途
电磁线		按照使用的绝缘材料不同，可分为漆包线、玻璃丝包线和纸包线3类	电磁线广泛应用于电动机、电器及电工仪表中作为绕组或元件的绝缘导线
橡胶绝缘电线		BX 铜芯橡胶线	供干燥和潮湿场所固定敷设用；用于交流额定电压 250 V 和 500 V 的电路中
		BXR 铜芯橡胶软线	供安装在干燥和潮湿场所连接电气设备的移动部分用；交流额定电压 500 V
		BXS 双芯橡胶线	供干燥场所敷设在绝缘子上用；用于交流额定电压 250 V 的电路中
		BXH 铜芯橡胶花线	供干燥场所移动式用电设备接线用；线芯间额定电压 250 V
		BLX 铝芯橡胶线	与 BX 型电线相同
		BXG 铜芯穿管橡胶线	供交流电压 500 V 或直流电流 1 000 V 电路中配电和连接仪表用；适用于管内敷设
		BLXG 铝芯穿管橡胶线	与 BXG 型电线相同

续表

种类	外形	常用型号/名称/结构	用途
聚氯乙烯绝缘导线		BLV（BV）铝（铜）芯塑料线	交流电压 500 V 以下，直流电压 1 000 V 以下；室内固定敷设
		BLVV（BVV）铝（铜）芯塑料护套线	
		BVR 铜芯塑料软线	交流电压 500 V 以下；要求电线比较柔软的场所敷设
		BLV－1（BV－1）室外用铝（铜）芯塑料线	交流电压 500 V 以下；室外固定敷设用
		BLVV－1（BVV－1）室外用铝（铜）芯塑料护套线	
		BVR－1 室外用铜芯塑料软线	交流电压 500 V 以下；要求电线在比较柔软的场所敷设
		RVB 平行塑料绝缘软线	交流电压 250 V 以下；室内连接小型电气设备的移动或半移动敷设时用
		RVS 双绞塑料绝缘软线	

续表

种类	外形	常用型号/名称/结构	用途
电焊机电缆	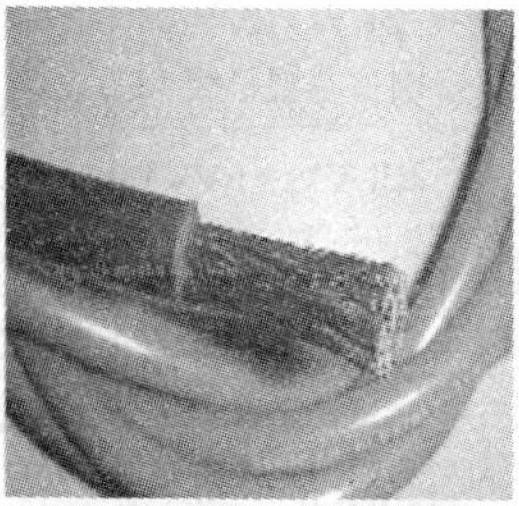	YH型电焊机用铜芯橡套软电缆	用做电焊机二次侧接线和电焊钳的连接线,其额定工作电压为200 V
橡套软电缆	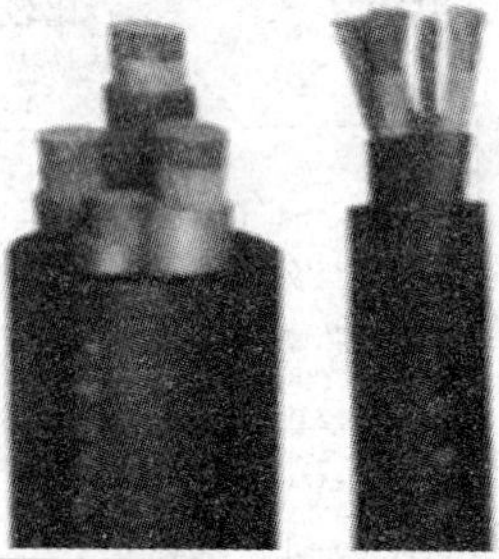	YQ轻型橡套软电缆	用于轻型移动电气设备和工具

3. 导线选择方法

通常依据导线使用环境选其型号（种类），依据负载电流选其规格（截面）。

（1）导线种类的选择。导线种类主要根据使用环境和使用条件来选择。

室内环境如果是潮湿的，如水泵房、印染车间、豆腐作坊，或者有酸碱性腐蚀气体的厂房，应选用塑料绝缘导线，以提高抗腐蚀能力保证绝缘。比较干燥的房屋，如图书馆、宿舍、办公室等可选用橡胶绝缘导线。对于温度变化不大的室内，及日光不直接照射的地方，也可以采用塑料绝缘导线。电动机的室内配线，一般采用橡胶绝缘导线；但在地下敷设时，应采用地理塑料电力绝缘导线。经常移动的绝缘导线，如移动电气设备的引线、吊灯线等，应采用多股软绝缘护套线。

(2) 导线截面的选择。导线截面的选择应根据导线的允许载流量、线路的允许电压损失值、绝缘导线的力学强度等条件选择。一般先按允许载流量选定绝缘导线截面,再以其他条件进行校验。如果该截面满足不了某校验条件的要求,则应按不能满足该条件的最小允许截面来选择绝缘导线。

1) 按允许载流量来选择。所谓导线的允许载流量,就是导线的工作温度不超过65℃时可长期通过的最大电流值。

由于导线的工作温度除与导线通过的电流有关外,还与导线的散热条件和环境温度有关,所以同一导线采用不同的敷设方式或处于不同的环境温度时,其允许载流量也不相同,具体规定可查阅《电工手册》。

按导线允许载流量选择时,一般原则是导线允许载流量不小于线路负荷的计算电流。

在实际工作中,通常采用经验公式估算电动机的额定电流,即已知电动机额定功率,则该电动机的额定电流为千瓦数乘以2,例如电动机的额定功率为5.5 kW,则该电动机的估算额定电流为$5.5 \times 2 = 11$ A。注意,单相负载一般应用负载功率之和乘以4.5倍的方式大致确定其额定电流。

知道负荷电流后,一般可通过下面的口诀大致选定导线的截面积。该口诀常用来估算绝缘铝导线明敷设、环境温度为25℃时的安全载流量及条件改变后的换算方法,相比之下较为实用(注意:经验口诀仅可用于要求不高的单台小容量设备的估算及一般家庭配电所需的导线材料的确定),可供参考使用,其口诀如下:

二点五下乘以九,往上减一顺号走。
三十五乘三点五,双双成组减点五。
条件有变加折算,高温九折铜升级。
穿管根数二三四,八七六折满载流。

本口诀对各种绝缘线(橡胶和塑料绝缘线)的载流量(安全

电流）不是直接指出，而是"截面乘以一定的倍数"来表示，通过心算而得。铝芯绝缘导线载流量与截面的关系见表1—3，从表中可以看出，倍数随截面的增大而减小。

表 1—3　　铝芯绝缘导线载流量与截面的倍数关系

导线截面 (mm²)	1.5	2.5	4	6	10	16	25	35	50	70	95	120
载流相对于截面的倍数	9		8	7	6	5	4	3.5	3		2.5	
载流量（A）	14	23	32	48	60	90	100	123	150	210	238	300

"二点五下乘以九，往上减一顺号走。"说的是 2.5 mm² 及以下的各种截面铝芯绝缘线，其载流量约为截面数的 9 倍，例如 2.5 mm² 导线，载流量为 2.5×9＝22.5 A。从 4 mm² 及以上导线的载流量和截面数的倍数关系是顺着线号往上排，倍数逐次减 1，即 4×8、6×7、10×6、16×5、25×4。

"三十五乘三点五，双双成组减点五。"说的是 35 mm² 的导线载流量为截面数的 3.5 倍，即 35×3.5＝122.5 A。从 50 mm² 及以上导线的载流量与截面数之间的倍数关系变为两个线号为一组，倍数依次减 0.5。即 50 m²、70 mm² 导线的载流量为截面数的 3 倍，95 m²、120 mm² 导线载流量是其截面积数的 2.5 倍。

"条件有变加折算，高温九折铜升级。穿管根数二三四，八七六折满载流。"说的是铝芯绝缘线、明敷在环境温度 25℃的条件下而定的。若是穿管敷设（包括槽板等敷设，即导线加有保护套层，不明露的），计算后根据穿管根数不同乘以不同的打折系数；若环境温度超过 25℃，计算后再打九折，若既穿管敷设，温度又超过 25℃，则根据穿管根数不同乘以不同的打折系数后再打九折。

例如，对铝芯绝缘线在不同条件下载流量的计算：当截面为

$10~mm^2$ 时，2 根穿管敷设，则载流量为 $10×6×0.8=48$ A；若为 3 根穿管敷设，则载流量为 $10×6×0.7=42$ A。若为 2 根穿管高温敷设（即环境温度超过 25℃），则载流量为 $10×6×0.9=54$ A；若是穿管又是高温，则载流量为 $10×6×0.8×0.9=43.2$ A。

当使用的不是铝线而是铜芯绝缘线，它的载流量要比同规格铝线略大一些，可按上述口诀方法算出比铝线加大一个线号的载流量。例如，$16~mm^2$ 铜线的载流量，可按 $25~mm^2$ 铝线计算。

2) 按力学强度选择。负荷太小时，如果按允许载流量计算选择的绝缘导线截面也太小，绝缘导线细往往不能满足力学强度的要求，容易发生断线事故，因此对于架空、室内和室外配线线芯的最小允许截面有专门的规定。当按允许载流量选择的绝缘导线截面小于表 1—3 中的规定时，则应按表上绝缘导线的截面来选择。

3) 按线路允许电压损失选择。若配线线路较长，导线截面过小，可能造成电压损失过大。这样会使电动机功率不足或发热烧毁，白炽灯发光效率也大大降低。因此，一般对用电设备的受电电压都有如下的规定：

电动机的受电电压不应低于额定电压的 95%；照明灯的受电电压不应低于额定电压的 95%，即允许的电压降为 5%。

【训练准备】

准备 $4~mm^2$ 及其以下塑料硬线若干、七股铝芯线（或铜芯线）若干、双芯塑料护套线若干、电工常用工具及安全防护用品 1 套。

【训练要领】

一、圆单线的连接

1. 导线绝缘层剖削

芯线截面积为的 $4~mm^2$ 及其以下塑料硬线绝缘层的剖削，一般可用钢丝钳、尖嘴钳或剥线钳进行剥削。

(1) 用钢丝钳进行导线绝缘层剥削时，用左手捏住导线，根据线头所需长短用钢丝钳切割绝缘层，但不可切入伤及线芯，然后用手握住钢丝钳头部用力向外勒出塑料绝缘层，直到剥掉绝缘层。剥削出的芯线应保持完整无损，如损伤较大应重新剥削。

(2) 用剥线钳进行导线绝缘层剥削时，根据导线粗细，选择合适的剥线钳口，把导线头放入剥线钳，右手压下剥线钳把，剥掉绝缘层。

(3) 芯线截面积大于 4 mm² 的塑料硬线绝缘层的剖削，可用电工刀来剖削，如图 1—10 所示。剖削时，根据所需的长度用电工刀以倾斜 45°角切入塑料层，刀面与芯线保持 25°左右，用力向线端推削，但不可切入芯线。削去上面部分塑料绝缘层，再以被剥导线的下口为切点，将绝缘层按圆切割一圈，再将剩余部分下面塑料绝缘层向后扳翻，最后用电工刀齐根切去。

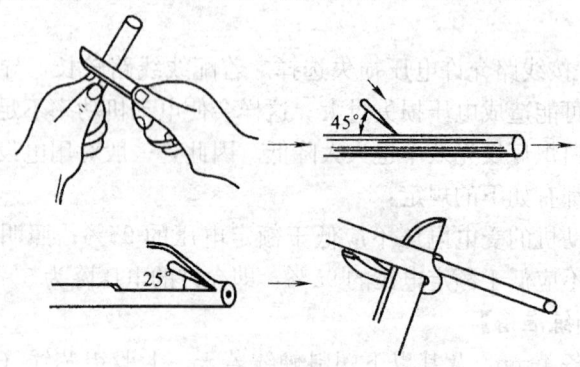

图 1—10 电工刀剖削塑料硬线绝缘层

2. 导线连接

(1) 单芯铜导线的对接。绝缘剥削长度为芯线直径的 70 倍左右。单芯铜导线的对接方法如图 1—11 所示。

先把两线头的芯线成 X 形相交，互相绞接 2～3 圈；再将两线头扳直，使其与导线垂直，然后分别在导线上缠绕 6～8 圈，最后剪去多余的线头，并钳平切口毛刺。

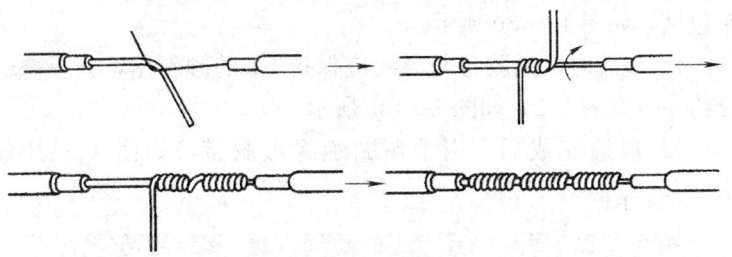

图 1—11 单芯铜导线的对接工艺

(2) 单芯铜导线的搭接工艺。单芯铜导线的搭接工艺如图 1—12 所示。先去除绝缘层，长度适中，将分支芯线的线头与干线芯线十字相交，使支路芯线根部留出约 3～5 mm。然后按顺时针方向缠绕支路芯线 6～8 圈，用尖嘴钳截去余下的芯线，并钳平芯线末端。

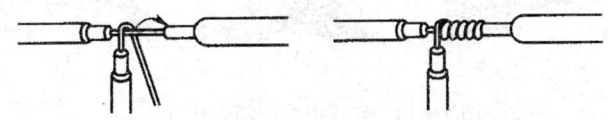

图 1—12 单芯铜导线的搭接工艺

导线绝缘层破损后必须恢复绝缘，导线连接后，也需恢复绝缘。恢复后的绝缘强度不应低于原来的绝缘层。通常用黄蜡带、涤纶薄膜带和黑胶布作为恢复绝缘层的材料，黄蜡带和黑胶布一般宽为 20 mm 较为适中，包扎也方便。绝缘带包扎方法：

1) 将黄蜡带从导线左边完整的绝缘层上开始包扎，包扎两根带宽后可进入无绝缘层的芯线部分，如图 1—13a、图 1—13b 所示。

2) 包至连接芯线的另一端时，也需继续包至完整绝缘层上两根带宽的距离，包缠完成后，用电工刀切断塑料黄蜡带，如图 1—13c 所示。

3) 在黄蜡带的尾端接上绝缘黑胶带，将绝缘黑胶带从右往左包缠,如图 1—13d 所示。

4) 包缠时,黑胶带与导线应保持 55°的倾斜角,其重叠部分约为带宽的 1/2,如图 1—13e 所示。

5) 包缠完成后,用手撕断绝缘黑胶带,如图 1—13f 所示。

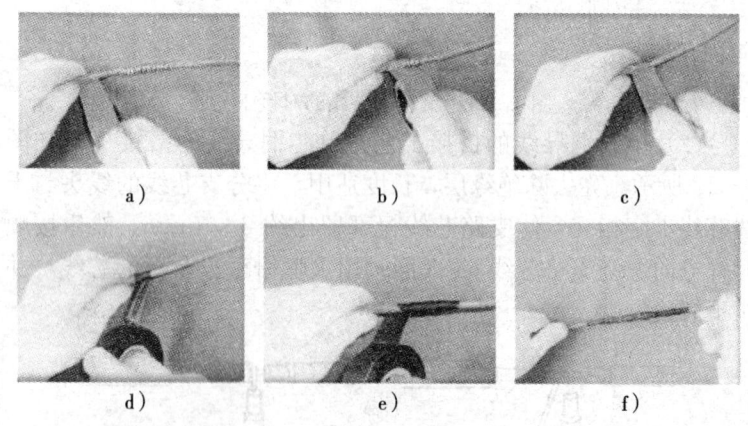

图 1—13 导线绝缘层的包扎方法

二、护套线连接

1. 导线剖削

塑料护套线的绝缘层必须用电工刀来剥削。具体剖削方法如图 1—14 所示。

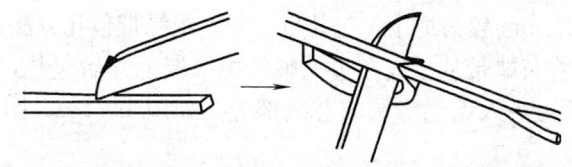

图 1—14 用电工刀剥削塑料护套线

(1) 按所需长度用刀尖对准芯线缝隙划开护套线。

(2) 向后扳翻护套线,用刀齐根切去护套层。

(3) 在距离护套层 5~10 mm 处，用电工刀以 45°角切入绝缘层。其他剥削方法同塑料硬线绝缘层的剥削。

2. 导线连接

(1) 选用直接连接工艺时，连接方式同圆单线的对接。

(2) 多数情况下，需通过分线盒或绝缘瓷接头等专用接头连接。

3. 绝缘恢复

同圆单线的基本要求。

三、多股芯线的连接

1. 多芯铜导线的对接

(1) 绝缘剖削长度应为导线直径的 21 倍左右。

(2) 先把剖去绝缘层的芯线散开并拉直，把靠近根部的 1/3 线段的芯线绞紧，然后把余下的 2/3 芯线头按图 1—15a 所示方法分散成伞形，并把每根芯线拉直。

(3) 把两个伞形芯线线头隔根对叉，如图 1—15b 所示。

(4) 捏平叉入后的所有芯线，并理直每股芯线，使每股芯线的间隔均匀，同时用钢丝钳钳紧叉口处，消除空隙，如图 1—15c 所示。

(5) 把一端七股芯线按 2、2、3 根分成 3 组，接着把第一组两根芯线扳起，垂直于芯线，并按顺时针方向缠绕 2、3 圈，然后将余下的芯线头折回，与导线平行，如图 1—15d 所示。

(6) 把第二组的两根芯线向上扳直，也按顺时针方向紧紧压着两根扳直的芯线，缠绕两圈后，也将余下的芯线向右扳直，再把下边第三组的 3 根芯线向上扳直，按顺序时针紧紧压着前四根扳直的芯线向右缠绕，缠 3 圈后，切去多余的芯线，钳平线端，如图 1—15e 所示。

(7) 用同样的方法再缠绕另一端芯线。

(8) 连接完成后，如图 1—15f 所示。

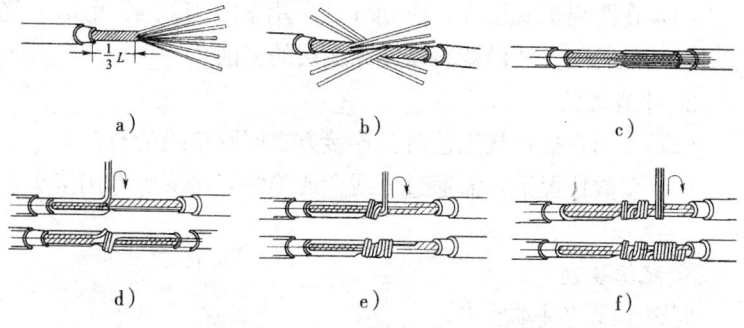

图 1—15 多芯铜导线的直线连接

2. 多芯铜导线的搭接工艺

(1) 去除绝缘层、氧化层,将剥好的多芯铜导线用一字形旋具将干线芯线分为两组,如图 1—16a 所示。

(2) 把七股铜芯线散开钳直,线端剖开长度为 L,接着把近绝缘层 $L/8$ 的芯线绞紧,把分支线头的 $7L/8$ 的芯线分成两组并排齐。把支线中的几根芯线插入干线两组芯线中间,而把另外几根芯线放在干线芯线的前面,如图 1—16b 所示。

(3) 把未插入干线的几根芯线沿干线右边按顺时针紧紧缠绕 3、4 圈,如图 1—16c 所示。用钢丝钳截断多余的芯线头,钳平线端。

(4) 把插入干线的几根芯线沿干线左边按逆时针方向缠绕 3、4 圈,并钳平线端。连接完成后,如图 1—16d 所示。

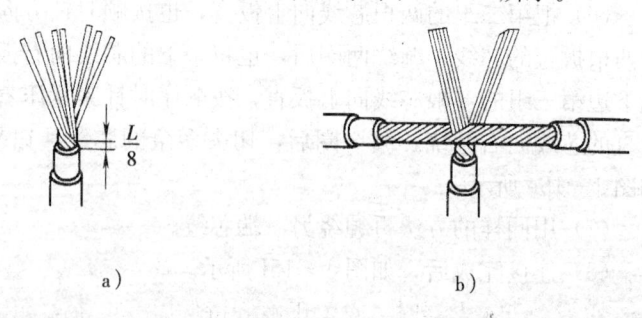

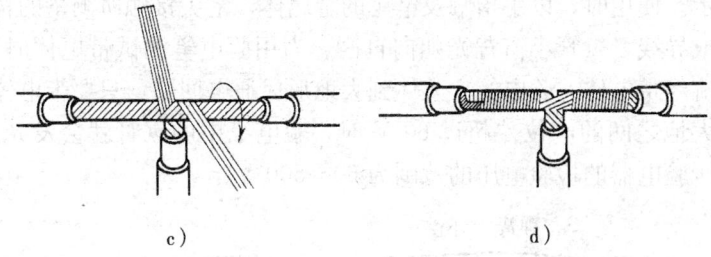

c)　　　　　　　　　　d)

图 1—16　多芯铜导线的分支连接

【安全警示】

1. 特殊情况需及时切断护套线电源时，禁止同时剪断护套线的相线和中性线，防止短路事故的发生。

2. 采用直接连接时，两接头的断开位置和接头位置必须完全错开，并应分别用绝缘带包扎，恢复绝缘。

3. 电工刀剖削导线时，注意刀口向外，操作时还要防止伤及周围人员。

任务 2　低压验电器使用

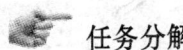 **任务分解**

1. 认识低压验电器。
2. 区别火线和中性线。
3. 判断设备或线路漏电情况。
4. 判断线路是否开路。
5. 区别直流电和交流电，并判断直流电的正极和负极。

【知识链接】

低压验电器有笔式和旋具式（简称验电笔）两种，其外形和结构如图 1—17 所示。

使用低压验电器时，必须正确握持低压验电器，如图 1—18

所示。使用时,以手指触及笔尾的金属体,笔尖接触所测量的物体或导线,氖管小窗背光朝向自己。当用验电笔测试带电体时,电流经带电体、验电笔、人体到大地形成通电回路,只要带电体与大地之间的电位差超过 60 V 时,验电笔中的氖管就会发光。低压验电器的检验电压的范围为 60～500 V。

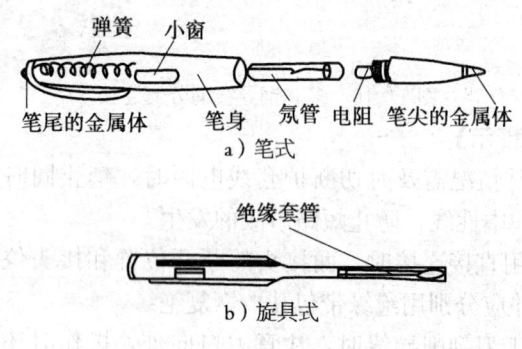

图 1—17 低压验电器

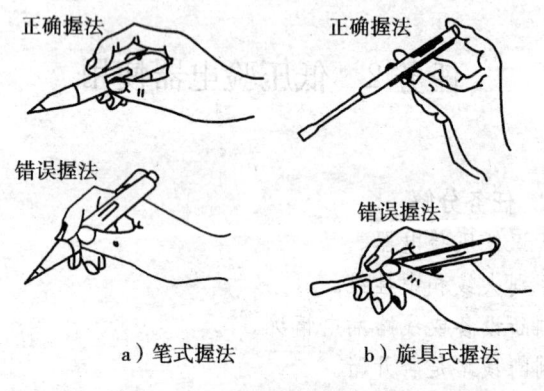

图 1—18 测电笔的使用方法

【训练准备】

低压验电器 1 个、安全防护用品 1 套,直流电源、交流电源(三相四线制供电线路)各 1 个,三相异步电动机 1 台。

【训练要领】

1. 区别相线和中性线

验电笔可区分相线和中性线。合上电源开关，接触三相四线制供电线路接线端，氖泡发光的线是相线，不发光的线是中性线（地线或零线）。

2. 判断设备或线路漏电情况

电动机启动后，将验电笔接触电动机机座，若发光较强则说明电动机绝缘损坏，漏电严重，需停机检修。同样，接触电动机电缆线路外皮，若验电笔微亮表明电缆线路绝缘受潮或老化，需更换。

3. 判断线路是否开路

电工临场检修线路时，若手头没有万用表，可直接用验电笔判断线路是否开路。断开线路确认中性线，合上开关，用验电笔依次检测电源开关出线端到负载的出线端回路。验电笔若观测到某段不亮，则说明该段线路有断路现象。

4. 区别直流电和交流电

验电笔还可区分交流电和直流电。氖泡两端发光的是交流电，一端发光的是直流电，且发光的一端是直流电源的负极。

【安全警示】

1. 验电笔使用前，先在确认有电的带电体上试验，检查其是否能正常验电，以免因氖管损坏而在检验中造成误判，危及人身或设备安全。

2. 低压验电时，不必戴绝缘手套。

3. 在验电操作时，应使验电笔逐渐靠近被测带电物体，直至氖管发亮。只有在氖管不亮确定是中性线时，操作者才可与被测物体直接接触。

任务3　停电检修安全技术

任务分解
1. 了解停电检修的意义，熟悉其基本过程。
2. 牢固掌握停电检修每一操作步骤的基本要求和操作要领。

【知识链接】
在电气检修工作中，为防止突然来电（误送电、反送电等）以及误入带电间隔、带负荷合闸等重大设备人身事故的发生，若在全部停电或部分停电的电气设备或线路上工作，必须完成停电、验电、装设接地线、悬挂标示牌和装设遮栏等保证安全的技术措施。

安全技术措施通常应由变配电所或运行单位的值班人员或运行负责人来执行。有关安全技术措施的具体要求简要说明如下。

1. 停电
停电的基本要求首先是将需要检修的设备或线路可靠地脱离（断路）电源，要把各方向可能来电的电源都断开。其次工作人员在工作时的正常活动范围与邻近带电设备的安全距离小于规程规定时（10 kV 及以下，无遮栏为 0.7 m，有遮栏为 0.35 m），则该邻近的带电设备也必须同时停电。

2. 验电
验电的目的是为了验证停电设备是否确无电压，以防止发生人身触电或带电装设接地线等重大事故，所以验电工作是检验停电措施的执行是否正确完善的重要手段。在实际操作中，有很多因素可能导致本来以为已停电的设备而实际上却仍然是带电的。例如，由于停电措施不周，操作人员失误，未能将各方面的电源完全断开；所要进行工作的地点和实际停电范围不符，停错了开关；二次回路控制电源没有切断而串入一次母线系统等。这些认为已无电但实际却带电的情况，往往会酿成重大事故。因此，电气设备或线路在切断电源后，必须通过验电来确认是否已确定停电。

3. 装设接地线

装设三相短路接地线的目的是防止工作地点突然来电，以及泄放停电设备或线路的剩余电荷及可能产生的感应电荷，从而确保工作人员的安全，做到万无一失。标准接地线的实物照片如图1—19所示。

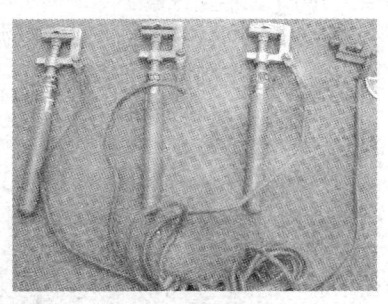

图1—19 标准接地线

4. 悬挂标示牌和装设遮栏

悬挂标示牌可提醒有关工作人员及时纠正将要进行的错误操作和做法。起到禁止、警告、准许、提醒等几方面的作用。在一经合闸即可送电到工作地点的断路器和隔离开关的操作手把上，应悬挂"禁止合闸，有人工作！"的标示牌。在线路检修工作之前，应在线路断路器和隔离开关的操作把手上悬挂"禁止合闸，线路有人工作！"的标示牌，而且悬挂标示牌的数量，应该与线路检修班组数相等。

对于安全距离小于规定值的未停电设备之间，必须装设临时遮栏。

【训练准备】

穿戴好防护用品，查验并备齐操作用具。

【训练要领】

1. 停电操作

（1）断开变电站、配电站（所）、环网设备（包括用户设备）等线路断路器（开关）和隔离开关（刀开关）。

(2) 断开需要工作班操作的线路各端(含分支)断路器(开关)、隔离开关(刀开关)和熔断器(保险)。

(3) 断开危及该线路停电作业,且不能采取相应安全措施的交叉跨越、平行和同杆架设线路(包括用户线路)的断路器(开关)、隔离开关(刀开关)和熔断器(保险)。

(4) 断开有可能返回低压电源的断路器(开关)、隔离开关(刀开关)和熔断器(保险)。

正确停电操作姿势如图1—20所示。

图1—20 停电操作姿势

2. 验电操作

(1) 验电前,宜先在有电设备上进行实验,确认验电器良好;无法在有电设备上进行实验时,可用高压发生器等确认验电器良好。

(2) 验电时,人体应与被验电设备保持安全距离,并设专人监护。使用伸缩式验电器时,应保证绝缘的有效长度。

(3) 对无法进行直接验电的设备,可以进行间接验电,即检查隔离开关(刀开关)的机械指示位置、电气指示、仪表及带电显示装置指示的变化,但至少应有两个及以上的指示或信号已发生对应变化;若进行遥控操作,则应同时检查隔离开关(刀开关)的状态指示、遥测、遥控信号及带电显示装置的指示,进行间接验电。

(4) 对同杆架设的多层电力线路进行验电时,先验低压、后验高压;先验下层、后验上层;先验近侧、后验远侧。禁止工作人员穿越未经验电、接地的 10 kV 及以下线路对上层进行验电。

(5) 线路验电应逐相进行。检修联络用的断路器(开关)、隔离开关(刀开关)或其组合时,应在两侧验电。

正确高压验电操作姿势如图 1—21 所示。

图 1—21　高压验电的操作

3. 装设接地线

(1) 线路验明确无电压后,应立即装设接地线并将三相短路。各工作班工作地段两端,和有可能送电到停电线路的分支线(包括用户)都要进行验电,并挂接地线。挂拆接地线应在专人监护下进行。配合停电的线路可以只在工作地点附近装设一处接地线。

(2) 同杆架设的多层电力线路挂接地线时,应先挂低压、后挂高压;先挂下层、后挂上层;先挂近侧、后挂远侧。拆除时,次序相反。

(3) 成套接地线应用有透明护套的多股软铜线组成,其截面不得小于 25 mm^2,同时应满足装设地点短路电流的要求。禁止使用其他导线作为接地线或短路线。接地线应使用专用的线夹固定在导线上，严禁用缠绕的方法进行接地或短路。

（4）装设接地线应先接接地端，后接导线端，且接地线应接触良好，连接可靠。拆接地线的顺序与此相反。装、拆接地线均应使用绝缘棒或专用的绝缘绳。人体不得触碰接地线或未经接地的导线。

正确装设接地线操作如图 1—22 所示。

图 1—22　装设接地线操作

4. 悬挂标示牌和装设遮栏

在一经合闸即可送电到工作地点的断路器（开关）、隔离开关（刀开关）的操作处，均应悬挂"禁止合闸，线路有人工作！"或"禁止合闸，有人工作！"的标示牌。

进行地面配电设备部分停电的工作，人员工作时距设备小于表 1—4 安全距离以内的未停电设备，应增设临时遮栏（围栏），临时遮栏与带电部分的距离不得小于表 1—5 的规定。临时遮栏应装设牢固，并悬挂"止步，高压危险！"的标示牌。35 kV 及以下设备的临时遮栏，如因工作特殊需求，可用良好的绝缘隔板与带电部分直接接触。在城区或人口密集区段施工时，工作场所周围应装设遮栏。

高压配电设备做耐压试验时，应在周围设遮栏，遮栏上应悬挂适当数量的"止步，高压危险！"标示牌。严禁工作人员在工作中移动或拆除遮栏和标示牌。

表1—4　　　设备不停电时的安全距离

电压等级（kV）	≤10	20、35	63（66）、110
安全距离（m）	0.70	1.00	1.50

表1—5　　　工作中人员正常活动范围与带电设备的安全距离

电压等级（kV）	≤10	20、35	63（66）、110
安全距离（m）	0.35	0.60	1.50

【安全警示】

1. 停电操作时，停电设备的各端应有明显的断开点（对无法观看到明显断开点的设备除外）。断路器（开关）、隔离开关（刀开关）的操作机构（操作机构）上应加锁；跌落式熔断器的熔断管应摘下。

2. 高压验电时，应戴绝缘手套，低压验电可以不戴绝缘手套。

3. 电缆及电容器接地前应逐个逐相充分放电，星形联结电容器的中性点应接地，串联的电容器及与整组电容器脱离的电容器应逐个放电，装在绝缘支架上的电容器外壳也应放电。

任务4　触电急救

任务分解

1. 熟悉触电急救的基本过程，认识模拟人。
2. 采取正确有效的措施让被触电者安全脱离电源。
3. 学会做好现场抢救的组织工作。
4. 现场急救。

【知识链接】
一、人体触电概述

人体触及带电体并成为闭合电路的一部分时，电流通过人体造成伤害的现象称为触电。

通过人体的电流越大，人的生理反应和病理反应越明显，引起心室颤动所需的时间越短，致命的危险性越大。当电流大于 30 mA 时就有发生心室颤动的危险，故漏电保护器漏电脱扣电流设定为 30 mA。

大量触电案例分析表明，造成触电事故的因素主要跟人的违规操作、环境恶劣、设备老化、安全措施不到位有关，具体分析见表 1—6。

表 1—6　　　　　　　　分析触电事故因素

序号	触电事故因素	影响内容
1	人的因素	(1) 安全员检查不严格 (2) 操作者思想麻痹大意 (3) 无证上岗 (4) 新工人上岗未经三级教育（即进厂教育、车间教育和班组教育） (5) 安全交底不清
2	设备因素	(1) 设备绝缘损坏，导线磨损破皮、老化 (2) 电气开关无防雨、防潮措施 (3) 绝缘检验工具无专人保管、不定期检查、校验、失灵
3	环境因素	(1) 突遇大风、雷雨天气 (2) 与户外高压线距离太近，又未设置保护网 (3) 工作场所有大量有爆炸危险的气体或粉尘
4	安全技术措施因素	(1) 保护接地、接中性线措施不当 (2) 潜水泵等用电设备未用防水橡胶套电缆 (3) 手持电动工具无漏电保护装置 (4) 不按电气安装技术规范和施工组织设计等安装高、低压设备及线路

通过表 1—5 的分析可见，生产过程中，"违章指挥""违章操作""违反劳动纪律"（简称为"三违"）是人的不安全行为所导致的各类触电事故的罪魁祸首。防止"三违"是各行各业面临的一项艰巨任务，是安全生产工作的当务之急，是遏制事故强有力的措施之一，也是安全生产工作者面临的重要课题。造成"三违"的主要原因是安全教育不够、安全制度不严和安全措施不完善。

二、触电事故处理与触电急救

触电事故的处理一般按照脱离电源、组织抢救、现场急救的过程开展迅速有效的救援工作。

1. 脱离电源

对于低压触电事故，若触电地点附近有电源开关应立刻切断电源；若无电源开关可用绝缘工具切断或挑开电线，使触电者脱离电源。对于高压触电事故，应立即通知有关部门停电，并带上绝缘手套，穿上绝缘靴，用相应电压等级的绝缘工具拉开开关；或者将金属线的一端可靠接地，然后抛掷另一端使线路短路接地，保护装置动作，从而切断电源。

2. 组织抢救

当触电者脱离电源后，应立即组织抢救。组织抢救应做好下述的具体工作：

（1）安排人员正确救护。

（2）派人通知有资格的医务人员到触电现场。

（3）做好将触电者送往医院的一切准备工作。

（4）维护现场秩序，防止无关人员妨碍现场救护工作。

3. 现场急救

现场参加急救者可根据触电者受伤程度不同，采取相应的措施。

（1）有知觉的情况。触电者伤势不重，神志清醒，但有些四肢发麻、心悸头晕、全身无力，应使触电者安静休息，严密观察,并待医生前来或送医院诊治。

(2) 无知觉,但心肺正常的情况。触电者伤势较重,已失去知觉,但心跳、呼吸正常。急救者可用手或薄纸片放在触电者的鼻孔处,判断是否有呼吸;用手触摸其颈动脉,如感觉有搏动,说明有心跳。急救者可使其舒适平躺,松开衣服,以利呼吸,保持空气流通,冷天注意保暖;同时立即请医生前来,或送医院诊治。

(3) 无呼吸,但有心跳的情况。可采用口对口人工呼吸法及时抢救。其具体操作是:

1) 将触电者向天仰卧,把头侧向一边,张开其嘴巴,清除口腔中的血块、异物、假牙等,如果舌根下陷,应将其拉出来,使呼吸道畅通;同时解开衣领,拉开身上紧身衣服,使胸部可以自由扩张,如图1—23a所示。

2) 抢救者一只手紧捏触电者的鼻孔,并将该手掌的外缘压住其额部,扶正头部使鼻孔朝天;另一只手托着触电者的颈后,将颈部略向上抬,一般病人的嘴巴都能自动张开,准备接受吹气。抢救者作深呼吸,然后紧凑触电者的嘴巴,向他大口吹气,如图1—23b所示。

3) 吹气完毕,立即离开触电者的口腔,待病人胸部自动回缩,可达到呼气目的,如图1—23c所示。

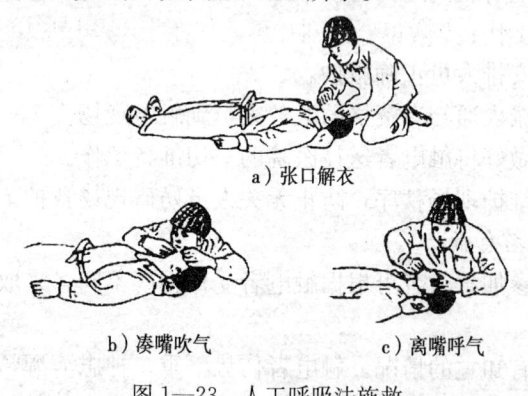

a) 张口解衣

b) 凑嘴吹气　　　　c) 离嘴呼气

图1—23　人工呼吸法施救

按照上述步骤不断进行,其频率约 12 次/min。对幼童施行此法时,鼻子不必捏紧,使其漏气,同时注意胸部不至过分膨胀,以免肺泡破裂。如果张口有困难,可用口对准其鼻孔吹气,效果与口对口吹气相似。

(4) 无心跳,但有呼吸的情况。可采用胸外按压法及时抢救。其要领是:使触电者仰卧于硬板上或地上,救护者跪在触电者的胸侧,如图 1—24a 所示。

1) 确定按压位置时,首先触及触电者上腹部,以食指及中指沿触电者肋弓处中间移滑到胸骨下切迹处。再用此手掌的中指固定于胸骨切迹处,食指紧靠中指作为定位标志,食指上方的胸骨正中部即为按压部位。将另一手的掌根部紧靠食指边,即掌根部置于按压部位,如图 1—24b 所示。

2) 将原用于定位的手掌,放在已位于按压部位的一手的手背上,两手手指交叉抬起,使手指脱离胸壁。救护者双臂绷直,双肩在触电者胸骨上方正中,靠自身质量直向下按压,按压深度为 3~5 cm,如图 1—24c 所示。

3) 按压至最低点后,突然放松,但手掌根部不能离开胸壁,依靠胸部的弹性,使胸骨复位,胸腔内压力下降,心脏得以舒张,大静脉内的血液得以回到心脏,如图 1—24d 所示。

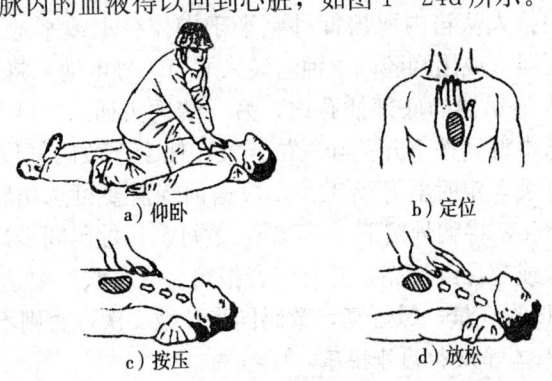

a) 仰卧　　　　　　b) 定位

c) 按压　　　　　　d) 放松

图 1—24　胸外按压法施救

反复上述2)和3)步骤动作，按压频率应保持在80～100次/min，绝对不能低于60次/min。

(5) 无心跳，无呼吸的情况。可将人工呼吸法和胸外按压法同时进行。如果只有一人抢救，可先吹气两次，再按压15次，如此交替进行，直到触电者恢复正常的心肺功能或医务人员赶来接替抢救工作。习惯上把对触电者急救时采取的通畅气道、口对口（鼻）人工呼吸、胸外按压等措施又称做心肺复苏法。

【训练准备】

准备心肺急救复苏模拟人（带语音提示）1具，其实物照片如图1—25所示。

图1—25 心肺急救复苏模拟人

【训练要领】

1. 技术准备

将模拟人从箱内取出仰卧躺平于操作台上或平地上，取出9 V稳压器（或用胸腔内电池盒装入6节1号电池）将其一端的插头插入显示器的底部插孔内，另一端插头插入220 V电源插座。接通电源，按下开关和复位开关，使全部数码复位到0。启动频率开关，定时器开始工作，根据训练需要可选用频率80～100次/min，将胸骨按下4～5 cm，黄灯亮，数码同步计数1次，按压错位或超深红灯亮，并有鸣音报警。人工吹气要达到800～1 200 mL吹气量，绿灯亮，数码同步计数1次，否则不予计数。

2. 人工呼吸和胸外按压

将模拟人平躺，操作人一只手两指捏鼻，另一只手伸入后颈或下巴，将头托起往后仰 70°～90°，形成气道放开，人工口吹气 2 次。然后找准胸部按压位置，再按单人抢救标准即 15∶2（胸外按压 15 次，口吹气 2 次），要求在 2 min 左右的规定时间内，连续操作 4 个循环，即可成功完成单人训练过程。训练约 2 min 后，频率节拍停止，即训练结束。

3. 进行颈动脉模拟

一只手捏皮囊，另一只手触摸颈动脉，模拟颈动脉跳动。然后，翻开双眼眼皮，进行双眼瞳孔放大与缩小的比较认识。

【安全警示】

在生活生产实践中，开展触电急救工作必须注意下列事项：

1. 救护人不可直接用手或其他金属及潮湿的物件作为救护工具。

2. 防止触电者脱离电源后从高处跌落摔伤。

3. 如事故发生在夜间，应迅速解决临时照明问题。

4. 在医务人员未来接替抢救前，不得放弃现场抢救。

5. 移动触电伤员或将伤员送往医院时，应使用担架并在其背部垫以木板；移送途中应继续抢救，在医务人员未接替救治前不可中断抢救。

6. 严密监护触电人，要随时准备再次抢救。

7. 人工呼吸和胸外挤压是对触电"假死"者的主要急救措施，任何药物都不可替代。

单元二　室内外配线安装与维修

学习目标

　　本单元内容包括室外架空配线与维护、电能表及低压电器安装与维护、室内配线和质量检查、照明线路安装与维修 4 项学习任务。结合文后的技能训练项目，重点掌握好室内外配线电工的基本操作和安全注意事项。电力室内外配线维修作业内容很多，初级维修电工牢固掌握上述基本作业项目后，可以为以后进一步学习打下基础。例如，低压架空配线是系统工程，但作为维修电工在线路维护过程中整修电杆拉线、登杆整修线路、绝缘子维护等是常规作业项目；又如，从低压进户的电能表接线到配电板装接、室内线路敷设、用电终端开关、插座及灯具等用电器具的装接和查修，都是初级维修电工日常工作的中心内容。

任务 1　室外架空配线和维护

任务分解

1. 了解交流电基本知识。
2. 熟悉架空配线基本结构和基本过程。
3. 学会登高基本技能。
4. 学会绝缘子绑扎基本技能。

5. 学会拉线制作基本技能。

【知识链接】

一、认识交流电

交流电通常由水力、火力、风力、核能等资源直接或间接提供的动力驱动交流发电机做功产生。电厂发出的电再经变配电装置和供电网络为用电户提供不同电压等级的交流电。

实际的交流发电机结构比较复杂，但基本组成部分仍是磁极（即定子）和电枢（即转子，线圈按一定规则镶嵌在硅钢片制成的铁心上）。电枢转动而磁极不动的发电机叫做旋转电枢式发电机。交流发电机模型如图 2—1a 所示。

当电枢在原动力作用下，从中性面开始以匀角速度 ω 逆时针转动切割定子产生磁力线时，线圈中产生的感应电动势大小为：

$$e = E_m \sin\omega t \qquad (2—1)$$

可见，线圈中的感应电动势是按正弦规律变化的，其变化规律曲线如图 2—1b 所示。

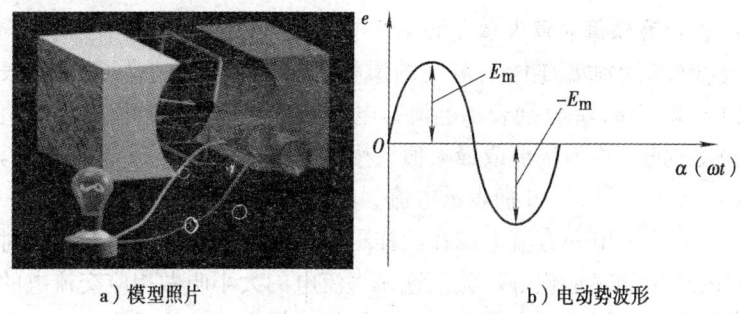

a）模型照片　　　　　　　b）电动势波形

图 2—1　交流发电机模型及感应电动势波形

由于线圈经电刷与外电路负载接通，形成闭合回路，所以外电路中也产生了相应的正弦电压与正弦电流，即：

$$u = U_m \sin\omega t \qquad (2—2)$$

$$i = I_m \sin\omega t \qquad (2—3)$$

若有这样 3 个频率相同、大小相等、彼此之间具有 120°相位差的对称三相电动势便可组成对称三相交流电源。对称三相电动势是由三相交流发电机产生的,对用户来说,也可看成是由三相电力变压器提供的,如图 2—2 所示。从发电机或变压器的公共连接点(也称中性点)引出的线通常称为中性线(或零线)N,而引出的 3 根线就是相线(俗称火线,一般用红、绿、黄 3 色区别),这就是常说的三相四线制低压供电线路。过去大多采用线路架空的形式,现在现代化的城市或智能小区基本以电缆地埋的形式为主。

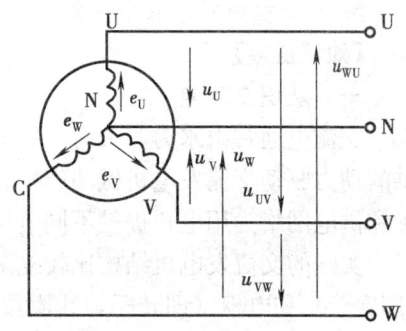

图 2—2 低压电源及供电线路

反映交流电性质的几个常用物理量如下。

1. 有效值、最大值

正弦交流电在任一瞬间的值称为瞬时值,用小写字母来表示,如 i、u、e 分别表示电流、电压、电动势的瞬时值。瞬时值中最大的值称为幅值或最大值,用带下标 m 的大写字母来表示,如 I_m、U_m 和 E_m 分别表示电流、电压和电动势的最大值。

将交流电和直流电加在同样阻值的电阻上,如果在相同的时间内产生的热量相等,就把这一直流电的大小叫做相应交流电的有效值,且用大写字母表示。有效值和最大值的关系是:

$$I = \frac{I_m}{\sqrt{2}} \qquad (2-4)$$

$$U = \frac{U_m}{\sqrt{2}} \qquad (2-5)$$

$$E = \frac{E_m}{\sqrt{2}} \qquad (2-6)$$

交流用电器铭牌上标示的额定电压一般都是指有效值,如电饭锅额定电压 220 V,电磁炉额定电压 220 V,交流电动机铭牌上所标注的额定电压 380 V 等。此外,用万用表交流电压挡所测电压读数也是有效值。

2. 周期、频率和角频率

正弦交流电做周期性变化一次所需的时间称为周期 T,单位是秒(s)。周期常用单位还有毫秒(ms)、微秒(μs)和纳秒(ns)。

每秒内交流电变化的周期数称为频率 f,单位是赫兹(Hz)。频率常用单位还有千赫(kHz)、兆赫(MHz)。

正弦交流电每秒内变化的电角度称为角频率 ω,其单位是弧度/秒(rad/s)。

显然,频率、周期与角频率三者之间的关系为:

$$f=1/T \text{ 或 } T=1/f \qquad (2—7)$$

$$\omega=2\pi f=2\pi/T \qquad (2—8)$$

我国规定工频交流电电源的频率为 50 Hz。

3. 相位、初相位和相位差

如图 2—3a 所示,两个线圈与中性面的夹角分别为 φ_1 和 φ_2,则任一时刻两个线圈产生的电动势瞬时值为:

$$e_1=E_m\sin(\omega t+\varphi_1) \qquad (2—9)$$

$$e_2=E_m\sin(\omega t+\varphi_2) \qquad (2—10)$$

其波形如图 2—3b 所示。式(2—9)和式(2—10)中的电角度($\omega t+\varphi_1$)和($\omega t+\varphi_2$)称为交流电的相位或相角。$t=0$ 时的相位叫初相位或初相,这里即指 φ_1 和 φ_2。从图 2—3b 上可以看出 e_1 的波形超前 e_2 波形一定的相位差角 $\varphi=\varphi_1-\varphi_2$。一般而言,两个同频率交流电的相位差就等于它们的初相之差。若一个交流电比另一个交流电提前达到零值或最大值,则前者叫超前,后者叫滞后。

若两个交流电同时达到零值或最大值,即二者的初相位相

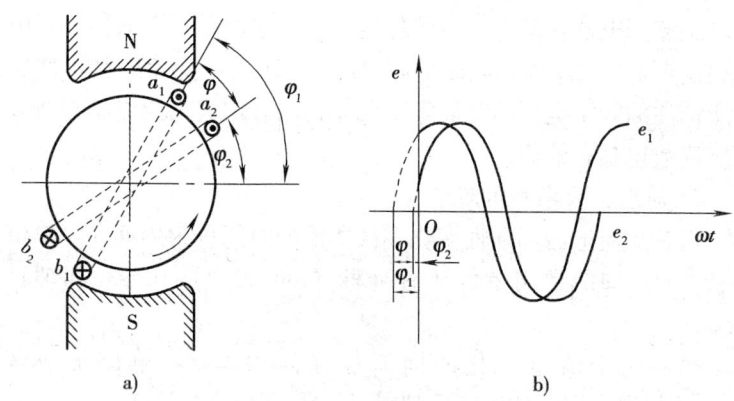

图 2—3 相位和相位差分析
a) 分析模型　b) 分析波形

等，则称它们同相位，简称同相，如图 2—4a 所示。若一个交流电达到正的最大值时，另一个交流电同时达到负的最大值，则称它们反相位，简称反相，如图 2—4b 所示。

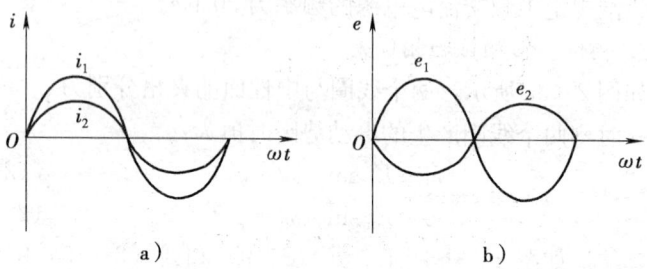

图 2—4 同相和反相波形
a) 同相　b) 反相

综上分析可知，最大值反映了正弦量的变化范围或大小，角频率反映了正弦量的变化快慢，初相位反映了正弦量的起始位置或状态。习惯上把最大值（或有效值）、角频率（或频率）和初相位称为正弦交流电的三要素。

二、架空配线基本结构

低压架空线路通常采用多股裸绞线来架设。低压架空线路的电压等级规定为 380 V/220 V 三相四线制供电。低压架空线路的范围为自配电变压器二次绕组（二次侧或低压侧）端至每个用户的接户点。

低压架空线路具有裸导线散热条件好、线路结构简单、成本低等优点，但易受洪水、飓风、大雪等自然灾害的影响，若维护管理不善，还易发生人畜触电事故。架空电力线路主要装置由：电杆、金具、绝缘子、导线、拉线、基础及接地装置等部分组成，如图2—5所示。

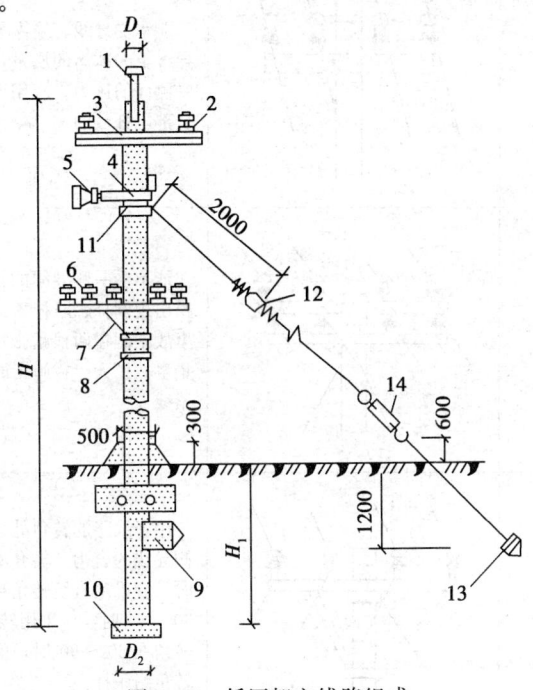

图 2—5 低压架空线路组成
1—杆顶支座　2—高压针式绝缘子　3—高压横担　4—螺栓　5—高压悬式绝缘子
6—低压针式绝缘子　7—横担支撑铁拉板　8—低压蝶式绝缘子　9—卡盘
10—底盘　11—拉线抱箍　12—拉紧绝缘子　13—拉线盘　14—花篮螺栓

1. 低压电杆

电杆是支持导线的支柱，是架空线路的重要组成部分。电杆的要求是要有足够的力学强度，同时尽可能经久耐用、价廉，便于搬运和安装。低压电杆常用钢筋混凝土杆。根据电杆在线路中所起的作用不同，电杆又可分为直线杆、耐张杆、转角杆、终端杆、分支杆、跨越杆6种型式，其结构和用途见表2—1。

表2—1　　　　各类杆型的结构和用途

杆型	结构示图	用途
直线杆（中间杆）	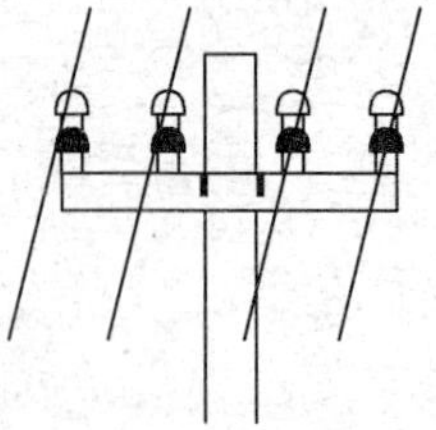	能承受导线、绝缘子及凝结在导线上的冰雪的质量，同时能承受侧面的风力。应用广泛，约占全部电杆数的80%
耐张杆（分段杆）	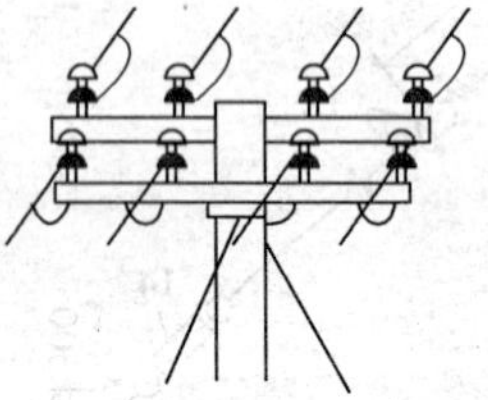	能承受一侧导线的拉力，当线路出现倒杆、断杆事故时，能将事故限制在两根耐张杆之间，防止事故扩大。在施工时还能分段紧线
转角杆	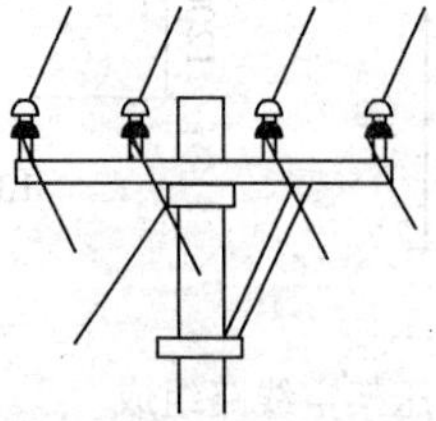	用于线路的转角处，能承受两侧导线的合力。转角在15°～30°时，宜采用直线转角杆；转角在30°～60°时，应采用转角耐张杆；转角在60°～90°时，应采用十字转角耐张杆

续表

杆型	结构示图	用途
终端杆	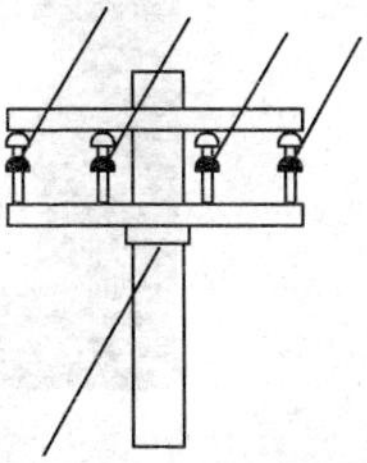	用于线路的始端和终端,承受导线的一侧拉力
分支杆	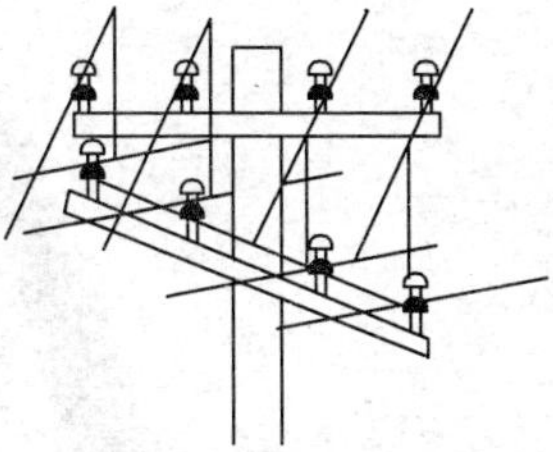	用于线路分接支线时的支持点,向一侧分支的为T字形分支;向两侧分支的为十字形分支杆

2. 绝缘子

绝缘子又称瓷瓶,用来将导线固定在电线杆上,并使导线与电杆绝缘。因此,绝缘子既要求具有一定的电气绝缘强度,又要求具有足够的力学强度,对化学杂质的侵蚀具有足够的抗御能力。常用的有针式绝缘子、悬式绝缘子、碟式绝缘子及瓷横担等,外形如图 2—6 所示。

3. 横担

横担安装在电杆的上部,用来安装绝缘子以架设导线。常用的横担有木横担、铁横担和瓷横担。低压线路普遍使用铁横担。铁横担如图 2—7 所示。

4. 金具

线路金具是用来连接导线、安装横担和绝缘子等的金属附件。架空电力线路常用的各种金具如图 2—8 所示。架空电力线路使用的金具,系国家标准产品,出厂时已有严格检查。但由于某些原因,其产品完整性和质量可能不符合要求,为保证工程质

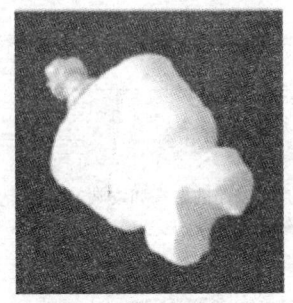
a）针式绝缘子

b）蝶式绝缘子

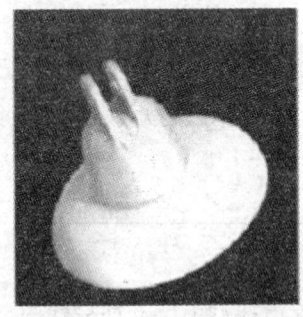
c）悬式绝缘子

d）瓷横担

图 2—6 架空线路的绝缘子

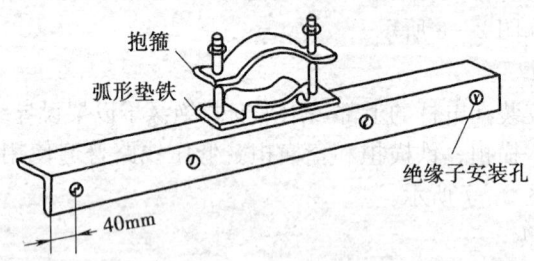

图 2—7 铁横担的外形图

量，安装前应进行外观检查，要求：表面光洁，无裂纹、毛刺、飞边、砂眼、气泡等缺陷；线夹转动灵活，与导线接触面符合要求；镀锌良好，无锌皮脱落、锈蚀现象。

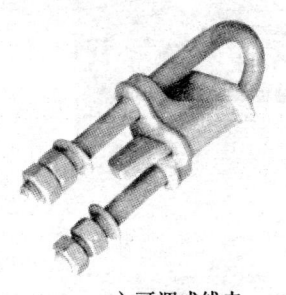

a）可调式线夹

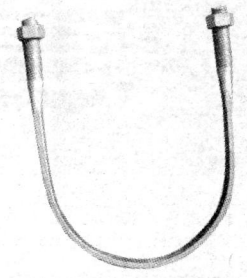

b）U形抱箍

c）扁铁抱箍

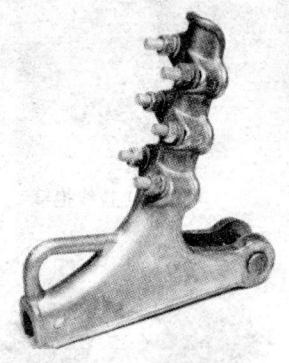

d）耐张线夹

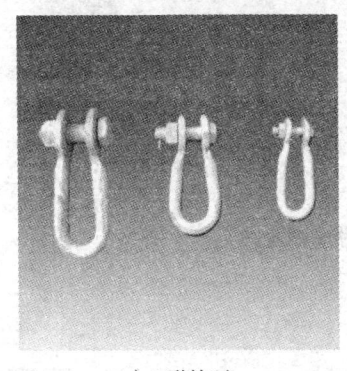

e）U形挂环

f）球头挂环

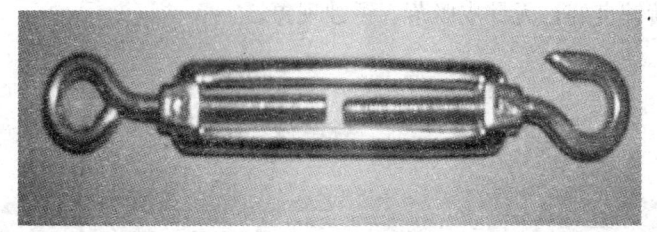

g）花篮螺栓

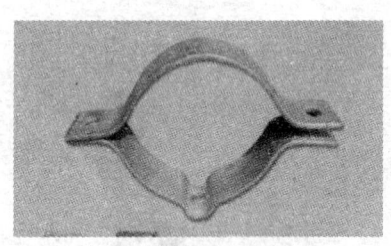

h）拉线抱箍

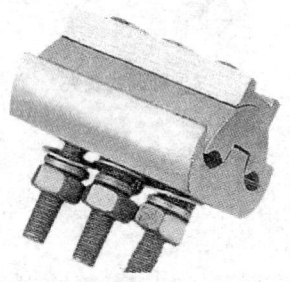

i）异形铝线夹

j）铜铝线夹

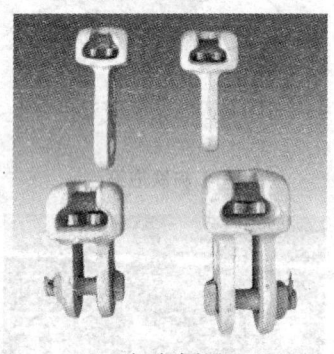

k）碗头挂板

图 2—8 架空线路常用金具

三、架空配线基本过程

1. 电杆定位

电杆定位时应首先根据设计图样检查线路经过的地形、道路、河流、树木、管道和各种建筑物等,对线路有何影响,确定线路如何跨越以及大致的方位。然后确定架空线路的起点、转角和终点的电杆杆位,线路的首端、终端、转角杆相当于把一条线路分成了几个直线段,要先找好位置,并确定下来。

2. 挖坑立杆

电杆的基础坑深应符合设计规定,单回路的配电线路,电杆埋深基本上可为电杆杆高的 1/10 加 0.7 m。

用汽车吊立杆的水泥杆坑,通常开挖成圆形坑;用人力和抱杆等工具立杆的,应开挖成带有马道的梯形坑,主杆中心线在设计杆位的中心,马道应开挖在立杆的一侧。拉线坑应开挖在标定拉线桩位处,其中心线及深度应符合设计要求。

电杆基础坑深度符合要求即可以安装底盘。底盘就位时,用大绳拴好底盘,立好滑板,将底盘滑入坑内。采用钢板模现浇底盘是近几年在线路工程中普遍采用的方法。

接下来是电杆竖立。电杆竖立一般有起重机竖杆、两脚或三脚架竖杆、叉杆竖杆等多种方法,根据施工条件具体选择。

3. 拉线安装

立好电杆后,紧接着做好拉线安装工作。拉线安装通常包括拉线的上把制作和拉线下把制作两部分。具体制作方法和工艺要求详见下文技能训练部分的讲解。

4. 横担及绝缘子的安装

架空电力配电线路 15°以下的转角杆和直线杆,宜采用单横担;15°~45°的转角杆,宜采用双横担;45°以上的转角杆,宜采用十字横担。

线路横担安装,直线杆应装在负荷侧;终端杆、转角杆、分支杆以及导线张力不平衡处的横担,应装在张力的反向侧;直角杆多层横担，应装设在同一侧，横担的安装如图2—9所示。

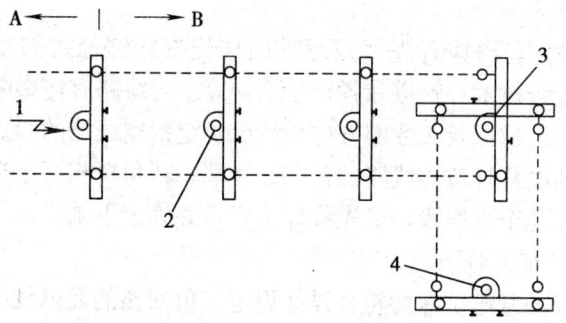

图 2—9　横担的安装
A—供电侧　B—受电侧
1—电源　2—直线杆　3—转角杆　4—终端杆

架空线路中间直线杆上的针式绝缘子安装比较简单，拧下固定于铁脚上的螺母，将铁脚插入横担的安装孔内加弹簧垫圈用螺母拧紧即可，绝缘子顶部导线应顺线路放置。低压架空线路耐张杆、分支杆及终端杆应采用低压碟式绝缘子，碟式绝缘子使用曲形铁拉板与横担固定。

5. 架线

架线一般包括放线、挂线和紧线3个工序组成。具体操作方法读者在今后的工程实际中学习和体会。

顺便提一下，架空配电线路的导线在针式及碟式绝缘子上的固定，通常采用绑线缠绕法。绑线材料规格与导线相同，铜绑线的直径应为 $\phi 2.0 \sim 2.6$ mm，铝镁合金导线应使用 $\phi 2.6 \sim 3$ mm 的铝绑线。

6. 竣工验收

竣工验收一般包括隐蔽工程验收检查、中间验收检查和竣工验收检查等几个环节，读者可查阅相关技术手册了解这方面的内容和技术要求。

【训练准备】

1. 准备登高踏板 1 套,并检查检验合格。
2. 针式绝缘子、一段直导线、绑扎线或铁丝。
3. 拉线盘、硬钢绞线及拉把等成套。
4. 电工常用工具及安全防护用品各 1 套。

【训练要领】

1. 踏板登高训练

(1) 踏板登杆训练

1) 先把一只踏板挂钩挂在电杆上,高度以操作者能跨上为准,另一踏板反挂在肩上。

2) 右手握住挂钩端双根棕绳,并用大拇指顶住挂钩,左手握住左边贴近木板的单根棕绳,把右脚跨上踏板。然后用力使人体上升,待人体重心转到右脚,左手即向上扶住电杆,如图 2—10a、b 所示。

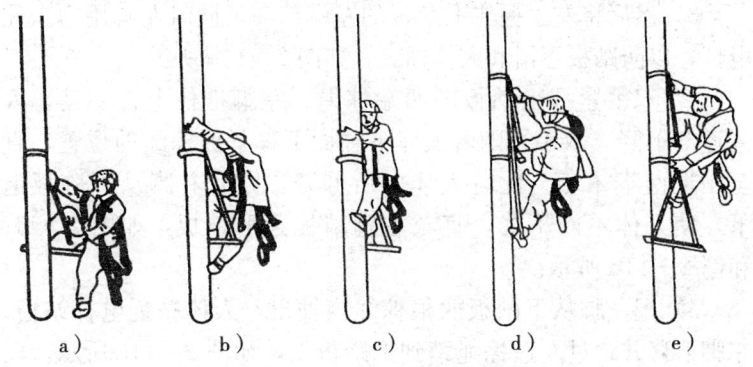

图 2—10 踏板登杆的方法

3) 当人体上升到一定的高度时,松开右手并向上扶住电杆,使人体直立,将左脚绕过右边单根棕绳踏入木板内,如图 2—10c 所示。

4) 待人体站稳后,在电杆上方挂上另一只踏板,然后右手紧握上一只踏板的双根棕绳,并使大拇指顶住挂钩,左手握住左边贴近木板的单根棕绳,把左脚从下踏板左边的单根棕绳内退出,踏在正面下的踏板上。接着将右脚跨上上踏板,手脚同时用力,使人体上升,如图2—10d所示。

5) 当人体离开下面一只踏板时,需把下面一只踏板解下,此时左脚必须抵住电杆,以免人体摇晃不稳,如图2—10e所示。以后重复上述各步骤进行攀登,直到所需高度。

(2) 踏板下杆训练

1) 人体站稳在一只踏板上(左脚绕过左边棕绳踏入木板内),把另一只踏板挂钩挂在下方电杆上。

2) 右手紧握踏板挂钩处双根棕绳,并用大拇指抵住挂钩,左脚抵住电杆下端,随即用左手握住下踏板的挂钩处,人体也随着左脚的下降而下降,同时把下踏板下降到适当的位置,将左脚插入下踏板两根棕绳间并抵住电杆,如图2—11a所示。

3) 然后将左手握住上踏板的左端棕绳,同时左脚用力抵住电杆,以防踏板下滑和人体摇晃,如图2—11b所示。

4) 双手紧握上踏板的两端棕绳,左脚抵住电杆不动,人体逐渐下降,双手也随着人体下降而下移紧握棕绳的位置,直至贴近两端木板。此时人体向后仰开,同时右脚从上踏板退下,使人体不断下降,直至右脚踏板到下踏板,如图2—11c和图2—11d所示。

5) 把左脚从下踏板两根棕绳内抽出,人体贴近电杆站稳,左脚下移并绕过左边棕绳踏到下踏板上,如图2—11e所示。以后步骤重复进行,直至操作者着地为止。

2. 绝缘子绑扎训练

直线段导线与针式绝缘子的绑扎分为顶部绑扎与颈部绑扎两种方法。

(1) 颈部绑扎法。颈部绑扎工序如图2—12所示。

1) 把扎线短端先在贴近绝缘子处的导线右边缠绕3圈,接

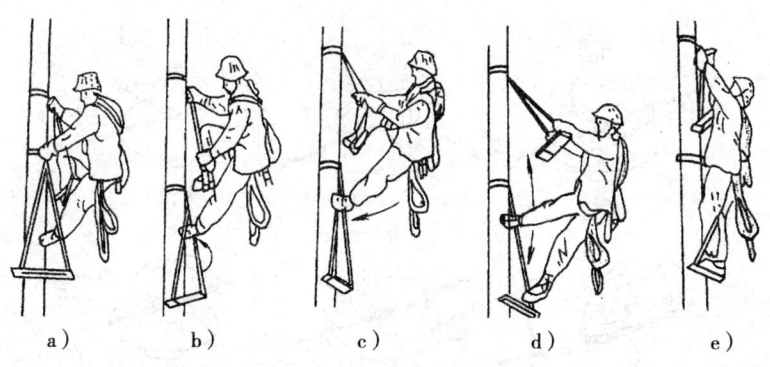

图 2—11 踏板下杆的方法

着与扎线长端互绞 6 圈,并把导线嵌入绝缘子颈部的嵌线槽内,如图 2—12a 所示。

2) 一手把导线绑紧在嵌线槽中,另一手把扎线长端从绝缘子背后紧紧地围绕到导线左下方,如图 2—12b 所示。

3) 把扎线长端从导线的左下方围绕到导线的右上方,并如同上述方法再把扎线长端绕扎绝缘子 1 圈,如图 2—12c 所示。

4) 把扎线长端再围绕到导线左上方,并继续绕到导线右下方,使扎线在导线上形成 X 形交叉状,如图 2—12d 所示。

5) 把扎线如上述方法绑扎围绕到导线左上方,如图 2—12e 所示。

6) 把扎线长端在贴近绝缘子处紧缠导线 3 圈后,向绝缘子背部绕去,与扎线短端紧绞 6 圈后,剪去余端,如图 2—12f 所示。

(2) 顶部绑扎法。顶部绑扎工序如图 2—13 所示。

1) 把导线嵌入绝缘子顶嵌线槽内,并在导线右边绝缘子处加上扎线,在导线上绕 3 圈,如图 2—13a 所示。

2) 把扎线长端按顺时针方向从绝缘子颈槽中围绕到导线左边内侧,如图 2—13b 所示。

3) 贴近绝缘子处在导线上缠绕 3 圈,如图 2—13c 所示。

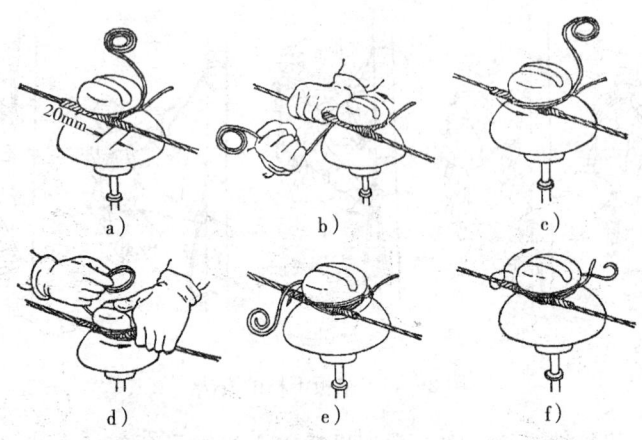

图 2—12 针式绝缘子的颈部绑扎工序

4) 按顺时针方向围绕到导线右边外侧,并在导线上再缠绕 3 圈(位置排在原 3 圈外侧),如图 2—13d 所示。

5) 围绕到导线左边,继续缠绕 3 圈(也排列在原 3 圈外侧),如图 2—13e 所示。

6) 重复图 2—13d 所示方法,把扎线围绕到导线右侧外侧,并斜压住顶槽中导线,继续扎到导线左边内侧,如图 2—13f 所示。

7) 从导线左边内侧按逆时针方向围绕到导线右边内侧,如图 2—13g 所示。

8) 把扎线从导线右边内侧斜压住顶槽中导线,并绕到导线左边外侧,使顶槽中导线被扎线压成 X 状,如图 2—13h 所示。

9) 扎线从导线右边外侧按顺时针方向围绕到扎线短端处,并相交于绝缘子中间,互绞 6 圈后剪去余端,如图 2—13i 所示。

3. 拉线制作训练

拉线制作的质量关系到整个架空线路的可靠性和稳定性,因

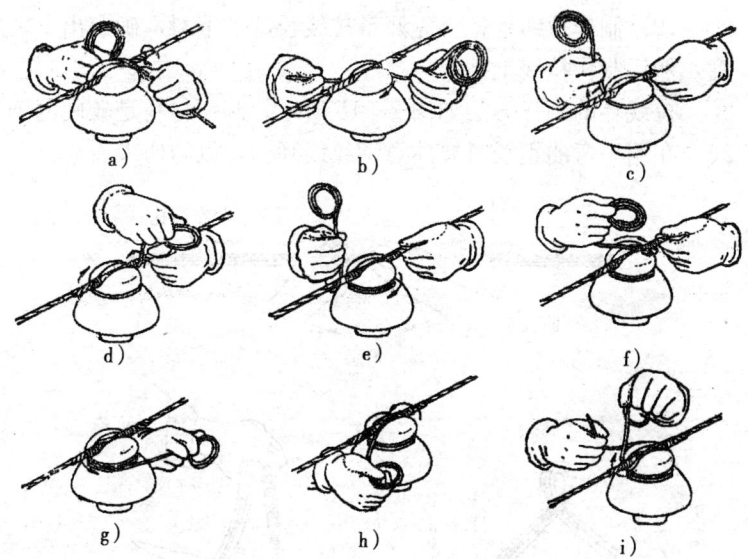

图 2—13 针式绝缘子的顶部绑扎工序

此应熟练掌握其制作的基本工学和工艺要求。一般可分以下几步训练:

(1) 埋设拉线盘及底把。如图 2—14 所示,装配找正后埋入拉线坑内,填土夯实,最后堆土高 300 mm。

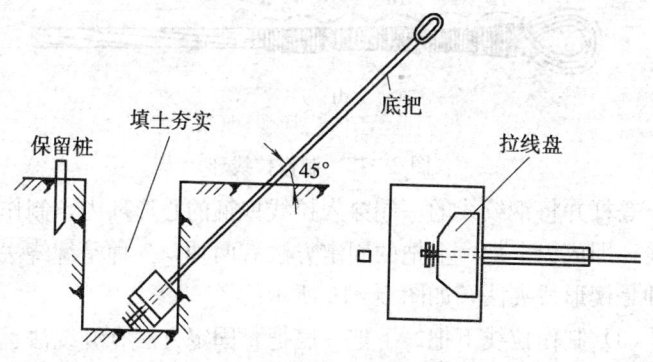

图 2—14 埋设拉线盘及底把

(2)制作拉线上把。先测量拉线长度及下料,确定出下料长度,然后制作拉线上把。

拉线环的制作方法如图2—15所示,制作材料是较硬的钢绞线,在用手弯曲钢线时要注意钢绞线弹力,以防伤人。

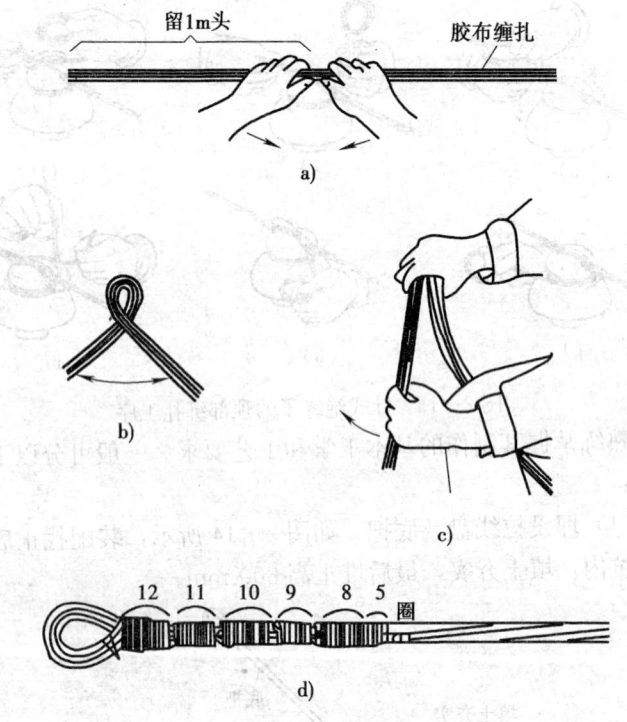

图2—15 制作拉线环

登杆并将钢绞线的一端穿入拉线抱箍的心形环内,制作成的拉线环即成为上把。上把的固定方法有两种,一种是缠绕法,另一种是楔形线夹法,如图2—16所示。

(3)制作拉线下把。下把(底把)固定方法有缠绕法、楔形线夹UT线夹法和花篮螺栓法。

先用1m长的8号铁丝,一端与拉线棒系牢,另一端插入紧

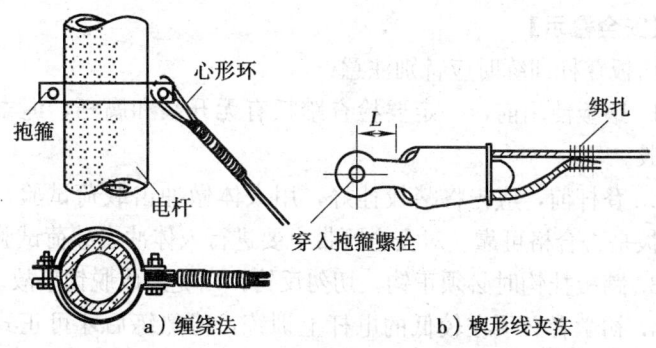

图 2—16 上把的固定方法

线器内固定好,然后转动紧线器手柄,缠动铁丝,将拉线撑紧并使杆头向拉线侧偏移 1~1.2 个电杆梢径。这时将钢绞线穿入拉线棒端环上的心形环内,用与制作上把相同的方法制作拉线下把,如图 2—17 所示。下把绑扎如图 2—18 所示。

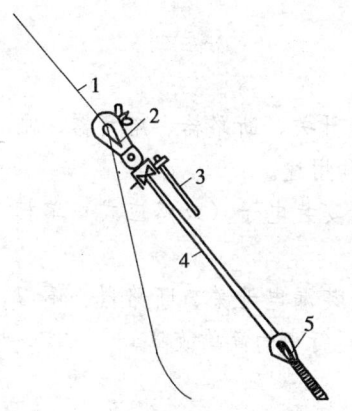

图 2—17 下把制作
1—镀锌铁丝 2、5—心形环
3—紧线器 4—拉线

图 2—18 下把绑扎
1、3—紧绑 2—花绑
4—心形环

【安全警示】

踏板登杆训练时应特别注意：

1. 踏板使用前，一定要检查踏板有无开裂和腐朽，绳索有无断股。

2. 登杆前，应先将踏板挂好，用人体做冲击载荷试验，检查踏板是否合格可靠，对安全腰带也要进行人体冲击载荷试验。

3. 踏板挂钩时必须正钩，切勿反钩，以免造成脱钩事故。

4. 初学者必须在较低的电杆上训练，待熟练后才可正式参加登高训练和杆上作业。

5. 初学者登杆操作时，电杆下面必须放上海绵垫子（体操垫）等保护物，以免发生意外事故。

任务 2　电能表及低压电器安装和维护

任务分解

1. 认识单相电能表；熟悉漏电开关、断路器、熔断器、闸刀式负荷开关等常用低压电器结构和用途。

2. 能在电能表箱（板）上正确安装电子（或感应式）单相电能表，并能排除简单故障。

3. 能在配电箱（板）上正确安装漏电开关、断路器、闸刀式负荷开关等低压电器，并能排除运行中的简单故障。

【知识链接】

一、电能和用电计量

1. 电能

电能是表示电流在一定时间内做功多少的物理量，也可简单地理解为 1 kW 的用电器在额定电压下连续工作 1 h 消耗电能为 1 kW·h。

日常生活中使用的电能主要来自其他形式能量的转换，包括热能、原子能、风能、化学能、光能等。电能也可转换成其他所需能量形式，它可以有线或无线的形式进行远距离的传输。

电能的单位是 kW·h，俗称"度"。电能和热能单位换算是：

$$1 \text{ kW·h} = 3.6 \times 10^6 \text{ J} \quad (2-11)$$

2. 用电计量

电能计量是电力企业生产经营管理的重要环节，电力企业只有凭借准确、可靠、安全的计量数据，才能保证电力系统安全、经济、可靠地运行，保证电网规范有序的调度，树立优质、诚信的电力营销和良好的企业形象。

用于计量电量的装置叫电能计量装置。电能计量装置包括各种类型电能表（俗称电度表）、计量用电压、电流互感器及其二次回路、电能计量柜（箱）等。根据行业标准 DL/T448—2000《电能计量装置技术管理规程》的规定，用于贸易结算和电力企业内部经济技术指标考核用的电能计量装置按其所计量电量的多少和计量对象的重要程序分为Ⅰ、Ⅱ、Ⅲ、Ⅳ、Ⅴ共5类，其适用对象见表2—2。

表2—2　　　　计量装置分类及其适用对象

类别	适用对象
Ⅰ类电能计量装置	月平均用电量为 500×10^4 kW·h 及以上或变压器容量为 10 000 kV·A 及以上的高压计费用户、200 MW 及以上发电机、发电企业上网电量、电网经营企业之间的电量交换点、省级电网经营企业与其供电企业的供电关口计量点的电能计量装置
Ⅱ类电能计量装置	月平均用电量为 100×10^4 kW·h 及以上或变压器容量为 2 000 kV·A 及以上的高压计费用户、100 MW 及以上发电机、供电企业之间的电量交换点的电能计量装置
Ⅲ类电能计量装置	月平均用电量 10×10^4 kW·h 及以上或变压器容量为 315 kV·A 及以上的计费用户、100 MW 以下发电机、发电企业厂（站）用电量、供电企业内部用于承包考核的计量点、考核有功电量平衡的 110 kV 及以上的送电线路电能计量装置

续表

类别	适用对象
Ⅳ类电能计量装置	负荷容量为 315 kV·A 以下的计费用户、发供电企业内部经济技术指标考核用的电能计量装置
Ⅴ类电能计量装置	单相供电的电力用户计费用电计量装置

3. 电能表

电能表是专门用来测量电能累积值的一种仪表。例如，某住宅的电能表在 6 月底的示数为"33225"，7 月底的示数为"33626"，那么该住宅 7 月份共用 40.1 度电（通常计做 40.1 kW·h）。

常见的单相电能表有感应式（机械式）电能表和静止式（电子式）电能表两种，其外形如图 2—19 所示。

(1) 感应式电能表。利用固定交流磁场与由该磁场在可动部分的导体中所感应的电流之间的作用力而工作的仪表，称为感应式仪表。常用的交流电能表就是一种感应式仪表，它由测量机构和辅助部件两大部分组成。测量机构包括驱动元件、传动元件、制动元件、轴承及计度器；辅助部件包括基架、底座、表盖、端钮盒及铭牌。

(2) 电子式电能表。电子式电能表也称静止式电能表，它是把单相或三相交流功率转换成脉冲或其他数字量的仪表。电子式电能表有较好的线性度，具有功耗小、电压和频率的响应速度好、测算精度高等优点。常用的单相普通电子式电能表具有以下功能：

1) 电能计量功能。单相普通电子式电能表具有电能计量功能，且为正反双向累计，防止用户采用输入、输出线路交换的方式进行窃电。

2) 功率脉冲输出。单相普通电子式电能表具有光耦隔离的无源脉冲输出电量信号，可为集中抄表系统提供脉冲电能表。

3)电能消耗量显示。电能消耗量显示可分为机械计度器、数码管、液晶显示器。

a)DD862型感应式电能表　b)DDS607型单相电子式电能表　c)DDSY9001型单相电子式预付费电能表

图2—19　常见的单相电能表

二、常用低压电器

低压电器通常指适用工作在交流1 000 V或直流1 500 V以下电路中的电气设备,广泛应用于低压配电和电气传动控制设备中,并起到转换、控制、保护与调节作用。这里只介绍电力室内外配线中常用的几种低压配电电器。

1. 断路器

断路器种类很多,照明及临时施工配电常用塑料外壳式断路器。

塑壳式断路器结构紧凑、质量轻,适于独立安装,多用做支路保护开关。在电力驱动控制系统中常用的低压断路器是DZ系列塑壳式断路器,如DZ5系列和DZ10系列。其中,DZ5为小电流系列,额定电流为10~50 A;DZ10为大电流系列,额定电流有100 A、250 A、600 A 3种。

塑壳式低压断路器外形、结构及图形符号如图2—20所示。低压断路器主要由触点系统、各种脱扣器和操作机构等部分组成。外壳上有"分"按钮和"合"按钮以及触点接线柱。按下"合"按钮,搭钩钩住锁扣,使3对触点闭合;按下"分"按钮,搭钩松钩，触点分断。大容量的塑料外壳式断路器也可增加欠压脱扣器、分励脱扣器和电动传动操作机构等。

a）三极、两极和单极低压断路器外形

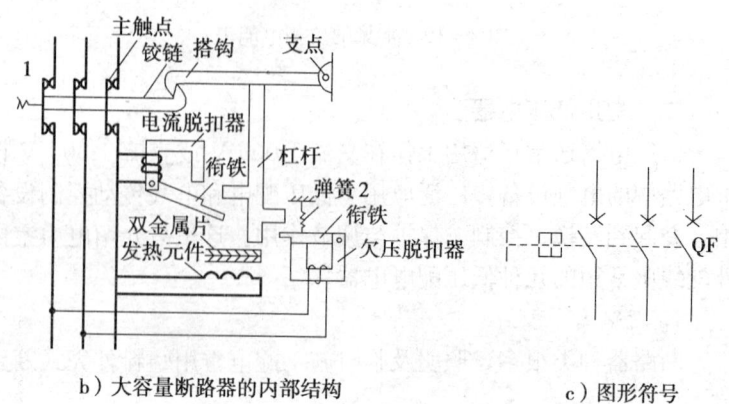

b）大容量断路器的内部结构　　　　c）图形符号

图 2—20　低压断路器

低压断路器保护原理是：当电路发生短路或严重过载时，电磁脱扣器会吸引衔铁，使触点分断。当发生一般过载时，电磁脱扣器不动作，但发热元件会使双金属片受热弯曲度变大，推动杠杆使触点断开。欠压脱扣器与电磁脱扣器恰恰相反，当电路正常工作时，衔铁吸合；当电源电压降到某一值时，欠压脱扣器的衔铁释放，杠杆被撞击而导致触点分断。

低压断路器的主要参数有：额定电压、额定电流、极数、脱扣器类型及其额定电流、整定范围、电磁脱扣器整定范围、主触点分断能力等。断路器的额定工作电压是指与分断能力及使用类别相关的电压值。对多相电路是指相间的电压值。断路器额定电流就是额定持续电流,也就是脱扣器能长期通过的电流,而对带可调式脱扣器的断路器是可长期通过的最大电流。

在选择低压断路器的时候,应遵从以下原则:

(1) 断路器的额定工作电压≥线路额定电压。

(2) 断路器的额定电流≥线路计算负载电流。

(3) 断路器的额定短路通断能力≥线路中可能出现的最大短路电流。

2. 漏电开关

漏电开关又称剩余电流保护断路器,其类型有电磁式电流动作型、电压动作型和半导体管(集成电路)电流动作型等,常用漏电断路器外形如图 2—21 所示。

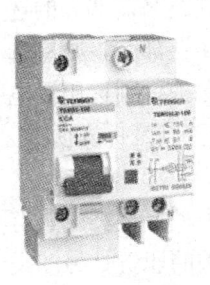  

图 2—21　常用漏电断路器

电磁型漏电断路器原理电路如图 2—22 所示。其结构是在一般的塑壳断路器中增加一个能检测剩余电流的感受组件(检测电流互感器)和剩余电流脱扣器。在正常运行时,各相电流的相位量之和为零,检测电流互感器二次侧无输出。当出现漏电(剩余电流)或人身触电时,则在检测电流互感器二次线圈感应出剩余电流。漏电断路器受到此电流激励，使断路器脱扣而断开电路。

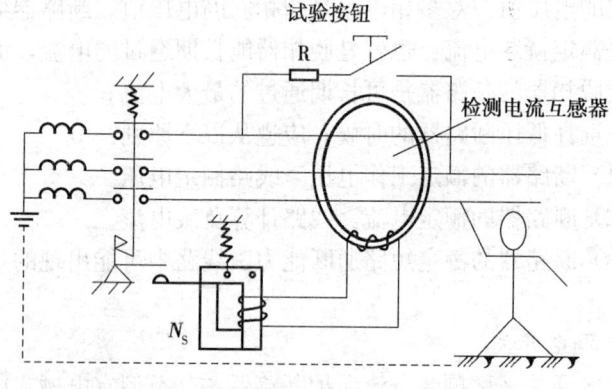

图 2—22 电磁式漏电断路器工作原理电路

由于漏电断路器实际上是在塑料外壳式断路器上加一个漏电保护脱扣器构成的，所以选择漏电断路器时，其断路器部分的选用条件和一般交流断路器相同，而漏电保护脱扣器部分，则应选择合适的漏电动作电流。如果重点是进行人身保护，则选用漏电动作电流 30 mA 以下的断路器较为安全。如果重点是保安防火，则可考虑选用 50～100 mA 的断路器。

此外还应注意，漏电断路器的触头有两种类型：一类触头有足够的短路分断能力，可以担负过载和短路保护的职责；另一类触头不能分断短路电流，只能分断额定电流和漏电电流，选择这一类剩余电流保护断路器时，则应另行考虑和熔断器配合使用作短路保护。

3. 熔断器

熔断器是低压配电网中最简单的保护组件之一，主要作短路保护用，串联接入被保护电路中。当电路中电流超过规定值一定时间后，熔断器的熔体发热、熔化，将电路开断。

熔断器按结构形式可分为半封闭插入式熔断器、螺旋式熔断器、无填料密闭管式熔断器、有填料封闭管式熔断器及自复熔断器 5 类，其外形如图 2—23 所示。

螺旋式熔断器（用字母 RL 表示）额定电流为 5～200 A，主要用于短路电流大的分支电路或有易燃气体的场所。为了便于监视，熔断器一端装有色点，不同的颜色表示不同的熔体电流，熔体熔断时，色点跳出，示意熔体已熔断。有填料管式熔断器（用字母 RT 表示）额定电流为 50～1 000 A，主要用于短路电流大的电路或有易燃气体的场所。

熔体额定电流的选择应视负载性质不同而改变，见表 2—3。

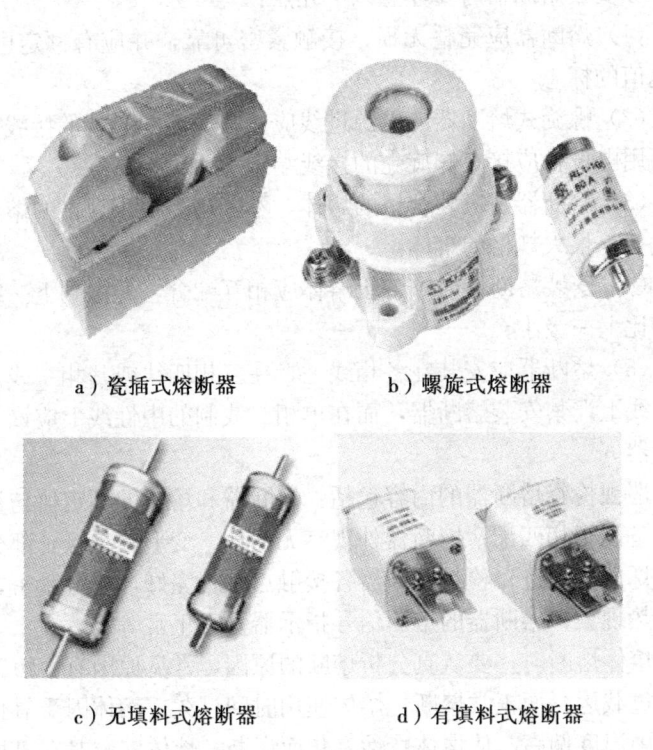

a) 瓷插式熔断器　　　　b) 螺旋式熔断器

c) 无填料式熔断器　　　d) 有填料式熔断器

图 2—23　常用熔断器

表 2—3　　　　　　　熔体额定电流的选择

序号	负载性质	熔体电流选择
1	照明电路	熔体额定电流≥被保护电路上所有照明电器工作电流之和
2	单台直接启动电动机	熔体额定电流＝（1.5～2.5）×电动机额定电流
3	多台直接启动电动机	总保护熔体额定电流＝（1.5～2.5）×各台电动机电流之和
4	电焊机	熔体额定电流＝（1.5～2.5）×负荷电流

在安装熔断器时要注意以下几点：

（1）熔断器应完整无损、接触紧密可靠，并应有额定电压、电流值的标志。

（2）螺旋式熔断器的电源进线应接在底座中心端的接线端子上，用电设备应接在螺旋壳的接线端子上。

（3）熔断器内应装合格的熔体，不能用多根小规格的熔体并联代替一根大规格的熔体。

（4）安装熔断器时，各级熔体应相互配合，并做到下一级熔体应比上一级小。

（5）熔断器应安装在各相线上，在三相四线或二相三线制的中性线上严禁安装熔断器，而在单相二线制的中性线上应该安装熔断器。

巡视检查熔断器的内容包括：熔断器和熔体的额定值与被保护设备是否相匹配；熔断器外观有无损伤、变形，绝缘子部分有无闪烁放电痕迹；检查熔断器各接触点是否完好，接触紧密，有无过热现象；熔断器的熔断信号指示器是否正常等。

熔体熔断时，要认真分析熔断的原因，常见原因有：短路故障或过载运行而正常熔断；熔体使用时间过久，熔体因受氧化或运行中温度偏高，使熔体特性变化而误断；熔体安装时有机械损伤，使其截面积变小而在运行中引起误断等。

拆换熔体时，要求做到：

(1) 安装新熔体前,要找出熔体熔断原因;未确定熔断原因,不要拆换熔体并试送电。

(2) 更换新熔体时,要检查熔体的额定值是否与被保护设备相匹配。

(3) 更换新熔体时,要检查熔断管内部烧伤情况,如有严重烧伤,应同时更换熔管。瓷熔管损坏时,不允许用其他材质管代替。填料式熔断器更换熔体时,要注意填充填料。

4. 刀开关

刀开关主要用于成套配电设备中隔离电源之用,刀开关也可作为不频繁地接通和分断电路之用。刀开关按极数分,有单极、双极和三极3种;按结构形式又可分为开启式负荷开关和封闭式负荷开关2种。这里重点介绍开启式负荷开关。

开启式负荷开关简称闸刀开关,其外形、内部结构和图形符号如图2—24所示。它主要由刀开关和熔断器组合而成,在瓷质底座上装有静插座、接熔体的端子、带瓷质手柄的闸刀等,并有上、下胶盖用来遮盖电弧,以防止电弧灼伤人手。闸刀开关因其内部装设了熔丝,当它所控制的电路发生短路故障时,可通过熔丝的熔断迅速切断故障电路,从而保护电路中的其他电气设备。

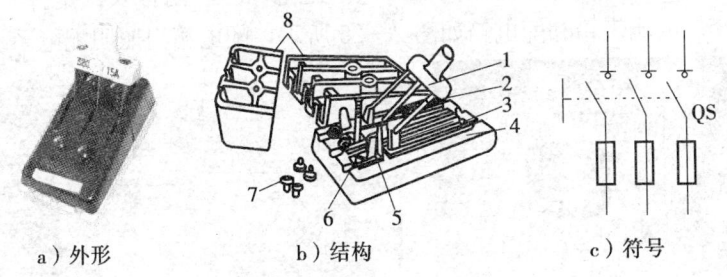

图2—24 HK系列开启式负荷开关

1—瓷质手柄 2—动触头(闸刀) 3—出线座 4—瓷底座 5—静触头(刀座)
6—进线座 7—胶盖紧固螺钉 8—胶盖

开启式负荷开关用于一般的照明电路和功率小于 5.5 kW 的电动机控制线路中。但这种开关没有专门的灭弧装置，因此不宜用于操作频繁的电路。用于照明和电热负载时，选用额定电压为 220 V 或 250 V，额定电流不小于电路所有负载额定电流之和的二极开关。用于控制电动机的直接启动和停止时，选用额定电压为 380 V 或 500 V，额定电流不小于电动机额定电流 3 倍的三极开关。

开启式负荷开关必须垂直安装在控制屏或开关板上，且合闸状态时手柄应朝上。不允许倒装或平装，以防发生误合闸事故。开启式负荷开关控制照明和电热负载使用时，要装接熔断器作短路保护。接线时，应把电源进线接在静触头一边的进线座，负载接在动触头一边的出线座。

开启式负荷开关在分闸和合闸操作时，应动作迅速，使电弧尽快熄灭。更换熔体时，必须在闸刀断开的情况下按原规格更换。开启式负荷开关最常见的故障是触头接触不良，造成电路开路或触头发热，可根据情况整修或更换触头。

【训练准备】

1. 单相电能表及独立式电能表箱 1 套（含子件及固定件），隔离开关 1 块及分路断路器 4 块，配电箱（含附件及固定件）1 套。电能表箱和配电箱如图 2—25 所示，配电箱内照明配电系统

a）单电能表箱

b）多路配电箱

图 2—25　电能表箱和配电箱

图如图 2—26 所示。符合训练长度要求的 2 mm² 以上圆单线及四芯电缆各 1 段。

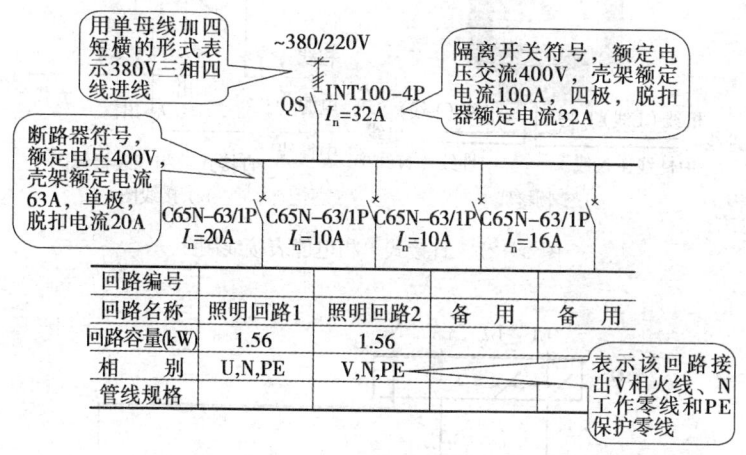

图 2—26 照明配电系统图

2. 电工常用工具及仪表各 1 套，安全防护用品 1 套。

【训练要领】

1. 检查电能表及表箱符合相关规定及设计要求，配件齐全完好。

2. 检查断路器型号、数量及相关认证符合规定，配电箱符合设计和安装要求，配件齐全完好。

3. 将直接式单相电能表固定在电能表箱内。

4. 单相电能表按图 2—27 所示接线。单相电能表共有 4 个接线桩头，从左到右 1、2、3、4 编号。接线方法一般按号码 1、3 接电源进线，2、4 接出线。

5. 将照明配电箱子件固定好，并依次压入各路断路器。按图 2—28 所示接线。

【安全警示】

1. 单相电能表接线后，应检查①脚和⑤脚连接片是否松动，

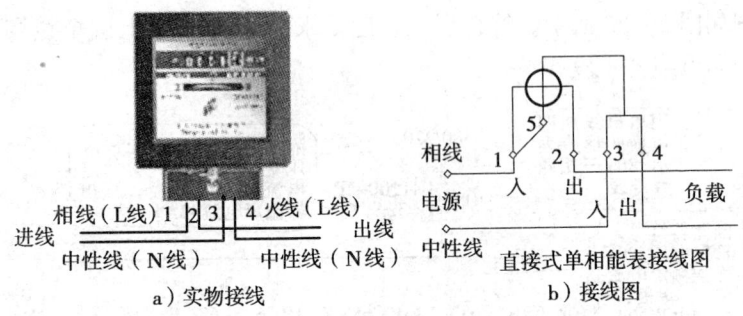

图 2—27 直接式单相电能表接线图

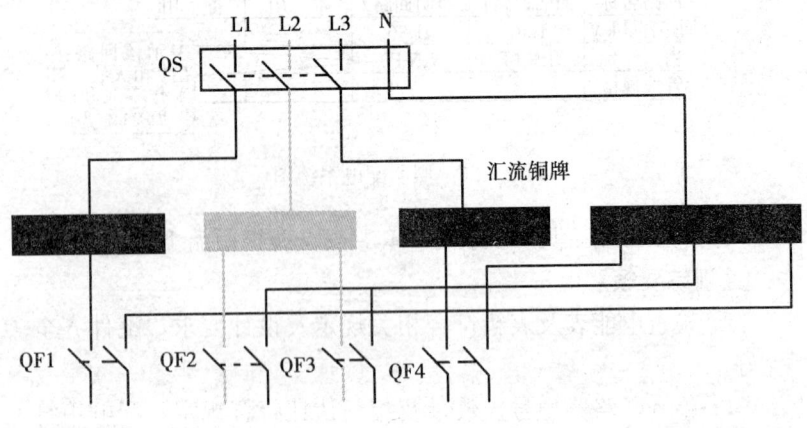

图 2—28 照明配电箱接线图

否则将无法正常计量。电能表接线完成后,应经电力部门验收并贴上封条才能被允许正常使用。

2. 电能表装接的重点应做好防窃电技术工作,同时对用电户进行思想教育,防止因乱拉私改线路引发触电事故和电气火灾,给国家和人民造成重大经济和财产损失。

3. 普通漏电开关不能代替刀开关或断路器。

任务3　室内配线和质量检查

任务分解

1. 了解室内配线的一般工序和工艺要求。
2. 熟练掌握护套线配线基本工序和工艺要求。
3. 熟练掌握塑料槽板配线基本工序和工艺要求，能独立完成槽板配线。

【知识链接】

一、室内配线

室内配线（布线）是电工必须掌握的常规技术，室内布线应包括室内照明线路和动力线路。室内布线方法有两种：一种是导线沿墙壁、顶棚（板）、桁架及柱子等表面敷设，称为明（布）线；另一种是导线穿管埋设在墙内、地坪内或装设在顶棚内，称为暗（布）线。

1. 室内布线的一般要求

室内布线不仅要使电能输送安全可靠，而且要使线路布置合理、安装牢固、整齐美观。其技术要求如下：

（1）材料应符合设计要求。使用导线的额定电压应大于线路的工作电压，绝缘应符合线路的安装方式和敷设的环境条件，截面应能满足供电和力学强度的要求。

（2）施工应符合工艺要求。布线时应尽量避免导线有接头，必要时应采用压接和焊接。穿管导线，管内不允许有接头。

明布线路水平敷设时，导线距地面不低于2.5 m，垂直敷设时，导线距地面不低于2 m；否则应穿管保护。

导线通过楼板时，应穿钢管保护，钢管长度应从离楼板面2 m高处，到楼板下出口处为止。

导线穿墙要用瓷管保护，瓷管的两端出线口，伸出墙面不短于 10 mm。穿向室外应一管一线，同一回路的可以一管多线，但管内导线的总面积（包括绝缘层）不应超过管内截面的 40%。

导线沿墙壁或顶棚敷设时，在通过伸缩缝的地方，导线敷设应稍有松弛；对于钢管配线，应装设补偿盒。

导线互相交叉时，为避免碰线，在每根导线上套上塑料管或其他绝缘套管，并将套管牢靠地固定，使其不能移动。

2. 室内布线的施工程序

室内照明和动力布线主要包括以下工序：

(1) 按施工图样确定灯具、插座、开关、配电箱、设备等的位置。

(2) 确定导线敷设的路径，穿过墙壁或楼板的位置。

(3) 配合土建打好布线固定点的孔眼，预埋线管、接线盒及木砖等预埋件。

(4) 装设绝缘支持物、线夹或管子。

(5) 敷设导线。

(6) 导线的连接、分支、封端，导线与设备的连接。

3. 室内布线方法

室内布线分为照明布线和动力布线，两种布线方法有一些不同之处。一是线路容量不同，一般动力线路比照明线路的容量大，照明线路所接的负载主要是灯泡、家用电器等，而动力线路所接的负载则是各种类型的设备；二是布线的场所也各不相同。

室内照明线路布线方法有瓷夹板布线、绝缘子布线、槽板布线、护套线布线、线管布线等。

室内动力线路的布线除敷设电缆外，主要是明敷布线，一般采用绝缘子布线、线管布线等。只有从配电箱到设备的部分采用地坪下的线管暗敷，即使和照明同属一种布线方法，也要根据动力线路特点来进行布线。小容量的动力线路，可参照容量相当的照明布线方法。因此，在介绍布线方法时，不按照明和动力来分，而是按布线方法逐一加以介绍。

二、护套线配线

塑料护套线是一种具有塑料保护层的双芯绝缘导线，具有防潮、耐酸和耐腐蚀等性能，用于直接敷设在空心楼板、墙壁及建筑物上，用塑料卡作为导线的支持物。护套线敷设方法简便、易行。施工时应注意以下几点：

1. 不宜直接埋入抹灰层内暗敷设，也不宜在室外露天场所敷设。

2. 先确定起点和终点位置，然后用粉线袋按导线走向划出正确的水平和垂直线，并按护套线安装要求每隔150～300 mm划出固定塑料卡的位置。距开关、插座、灯具的塑料台50 mm处和导线转弯两边80 mm处，都为设为塑料卡的固定点。

3. 转角处敷线时，弯曲护套线用力要均匀，其弯曲半径至少应等于导线宽度的6倍。

4. 护套线敷设离地面的最小高度应不小于500 mm，在穿越楼板及离地面高度低于150 mm的护套线，应加电线管进行保护。

5. 塑料护套线的接头最好放在开关、灯头和插座处，以求整齐美观。如果接头不能放在这些地方，则可装设接线盒，将接头放在接线盒内。

三、塑料槽板配线

塑料槽板配线较之以前的木槽板配线在适用场合、施工效率、美观程度和防火性能上都具有很大的优越性，因而被广泛应用于实验室、办公室、生活间等场所的照明配线。

塑料槽板配线包括弹线定位、盒箱固定、线槽固定和连接、槽内放线、导线连接等工艺过程，如图2—29所示。最后完成绝缘电阻测试、验收、记录工作。

塑料槽板配线的重点是做好其线槽固定和槽板连接工作。

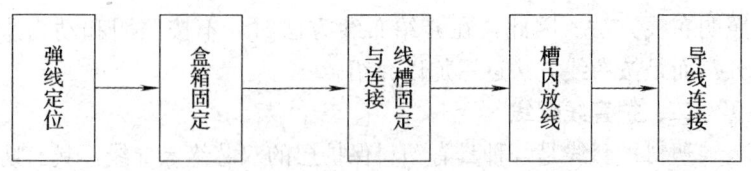

图 2—29　塑料槽板配线的工艺流程

1. 线槽固定

线槽的固定应根据墙体结构不同选用塑料胀管或伞形螺栓。混凝土墙、砖墙一般选用塑料胀管固定线槽；石膏板墙或其他护板墙一般选用伞形螺栓固定线槽。塑料胀管及伞形螺栓固定线槽的方法如图 2—30 所示。线槽固定基本要求是：槽底固定点的间距应小于 500 mm；盖板固定点的间距应小于 300 mm；底板离终点 50 mm 及盖板离终点 30 mm 处应增加固定点；三线槽的槽底应采用双钉固定；槽底对接缝与槽盖对接缝应错开 20 mm。

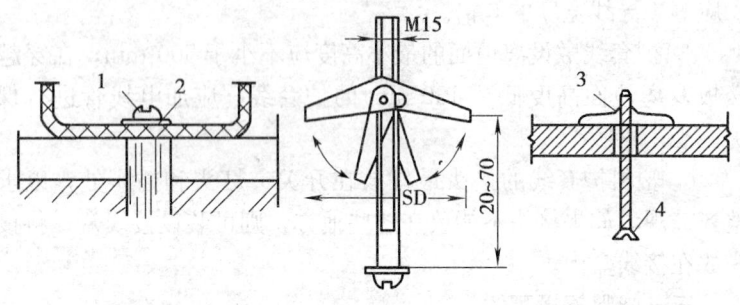

a) 塑料胀管固定线槽　　b) 伞形螺栓结构示意图　　c) 伞形螺栓固定线槽

图 2—30　塑料胀管及伞形螺栓固定线槽的方法
1—木螺钉　2—垫圈　3—伞形螺母　4—伞形螺栓

2. 线槽连接

塑料线槽连接可根据连接部位选用专用接头，如图 2—31 所示。

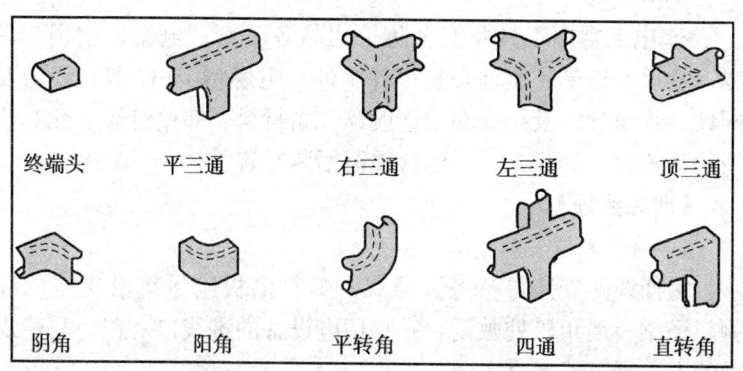

图 2—31 塑料线槽连接

【训练准备】

1. 槽板配线训练用图样如图 2—32 所示。做好施工前的技术准备、材料准备、施工机具准备和作业条件检查 4 项准备工作，并重点检查训练用场地的临时用电安全性和建筑物结构的稳定性。没有条件的，可以在符合规定的木工板上完成图示部分训练内容。

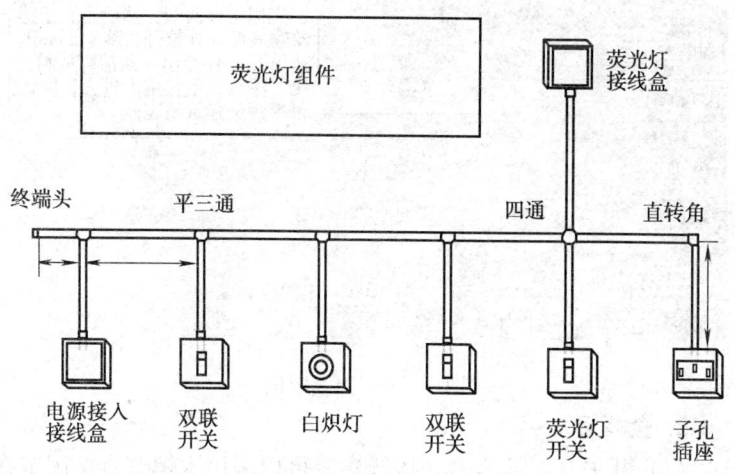

图 2—32 槽板配线训练用图样

2. 电工常用工具及安全防护用品各 1 套。电钻、钢锯、焊锡、卷尺、铅笔、实训安装板各 1 件；阻燃型 PVC 塑料线槽及配件、绝缘导线及接线端子、镀锌金属材料、墙壁钉等（配套使用的开关盒、灯头盒、插座盒预留不装）若干。

【训练要领】

1. 弹线定位

为使线路安装得整齐、美观，塑料槽板应尽量沿房屋的线脚、横梁、墙角等处敷设，并与用电设备的进线口对正，与建筑物的线条平行或垂直。

具体做法是：

（1）按设计图样确定进户线、盒、箱等电气设备具体固定点位置。

（2）先干线后支线，从始端到终端，找好水平和垂直。

（3）用粉线袋弹线，按 500 mm 间距分挡，用铅笔做好记号，如图 2—33 所示。

先固定好两端，然后垂直于建筑物表面向外拉开粉线3~5 cm迅速松开，便弹出一条清晰的粉线。注意，不宜用力过大，防止粉墨污染建筑物表面

图 2—33　弹线定位

2. 盒箱固定

（1）开关盒、插座盒、接线盒等可以采用木螺钉直接固定在木砖上，固定点不少于两个。

（2）固定配电箱时，应根据其自重选用金属膨胀螺栓固定或支架固定。

3. 线槽固定和连接

线槽的固定应根据墙体结构不同选用塑料胀管或伞形螺栓。混凝土墙、砖墙一般选用塑料胀管固定线槽；石膏板墙或其他护板墙一般选用伞形螺栓固定线槽。

线槽的固定和连接步骤如下：

（1）根据电源、开关盒、灯座的位置，量取各段线槽的长度，用锯分别截取。在线槽直角转弯处应采用45°拼接。

（2）用手电钻在线槽内钻孔（钻孔直径 $\phi 4.2$ mm 左右），用做线槽的固定。

（3）将钻好孔的线槽沿走线的路径用自攻螺钉或木螺钉固定。

4. 槽内放线

槽内放线具体步骤如下：

（1）清扫槽内的建筑或施工污物。

（2）放置导线，导线应理顺，不得挤压、扭绞、拉伤。

（3）用尼龙绑扎带将导线绑扎成束，不允许采用金属丝绑扎。

（4）接线盒内导线预留长度应不大于 150 mm。

（5）导线接头必须放置在线盒内。

（6）从室外引入室内的一段穿墙导线应采用橡胶绝缘导线，不宜使用塑料绝缘导线。

5. 导线连接

导线连接时，要求接触电阻小、连接可靠、美观、绝缘恢复良好，并能正确区分相线、中性线和保护地线的导线颜色。国家标准（GB 50303—2002）《建筑电气工程施工质量验收规范》规定：U 相用黄色、V 相用绿色、W 相用红色、保护地线（PE 线）用黄绿相间色、中性线用淡蓝色。

6. 固定盖板

在敷设导线的同时，边敷线边将盖板固定在底板上。

7. 绝缘测试

塑料线槽内放线完毕，必须首先对线路连接的正确性、焊接的可靠性、绝缘恢复的安全性等方面做进一步检查，如发现有不符合现行施工规范及质量验评标准规定的地方应及时纠正，然后才能进行线路的绝缘测试。

线路绝缘测试的基本要求是：照明线路的绝缘电阻值不小于 0.5 MΩ，动力线路的绝缘电阻不小于 1 MΩ。

8. 槽板配线质量验收记录表的填写

槽板配线质量验收记录表的填写主要包括施工单位检查评定记录和监理（建设）单位验收记录两部分，评定和验收的依据是 GB 50303—2002《建筑电气工程施工质量验收规范》相关规定，记录表格式和填写项目见表 2—4。

表 2—4　　　　　　槽板配线质量验收记录

工程名称		检验部位		项目经理	
施工单位		分包经理		专业工长	
分包单位		执行标准		施工组长	
验收项目	按 GB 50303—2002 相关规定			施工单位检查评定、记录	监理（建设）单位验收、记录
主控项目	(1) 槽板内电线无接头，导线连接设在器具处；槽板与各种器具连接时，导线应留有余量，器具底座应压住槽板底部 (2) 槽板敷设应紧贴建筑物表面，且横平竖直，固定可靠，严禁用木楔固定；木槽板应经阻燃处理，塑料槽板表面应有阻燃标志				
一般项目	(1) 木槽板无劈裂，塑料槽板无扭曲变形。槽板底板固定点间距应小于 500 mm；槽板盖板固定点间距应小于 300 mm；底板距终端 50 mm 和盖板距终端 30 mm 处应固定				

续表

验收项目	按 GB 50303—2002 相关规定	施工单位检查评定、记录	监理（建设）单位验收、记录
一般项目	（2）槽板的底板接口与盖板接口应错开 20 mm，盖板在直线段和 90°转角处应成 45°斜口对接，T 形分支处应成三角叉接，盖板应无翘角，接口应严密整齐 （3）槽板穿过梁、墙和楼板处应有保护套管，跨越建筑物变形缝处槽板应设补偿装置，且与槽板结合严密		
施工单位检查评定结果	项目专业质量检查员：		年 月 日
监理（建设）单位验收结论	电气监理工程师：		年 月 日

【安全警示】

1. 固定槽底时，一定要钻孔，以免线槽开裂。
2. 使用钢锯时，要小心锯片折断伤人。
3. 塑料线槽及其附件安装时，应注意保持墙面整洁。

任务 4　照明线路安装与维修

任务分解

1. 认识室内低压电器，如开关、插座、照明灯具等，掌握其安装工艺要求。
2. 简单照明线路图识读。
3. 能够正确安装一般照明线路，并能排除常见故障。
4. 能够正确安装荧光灯照明线路，并能排除简单故障。

【知识链接】

一、开关、插座和灯具

1. 开关

开关是接通或断开照明灯具的元件,其安装形式有明装和暗装式两类,明装式有拉线开关和扳把开关(又称平头开关);暗装式有跷板式开关和触碰式开关。按结构划分为单联开关、双联开关、单控开关、双控开关和旋转开关等。常见开关的外形如图2—34所示。开关必须串联在相线回路中。

a)单相大一开关

b)单相大两开关

c)单相小一开关

d)胶木拉线开关

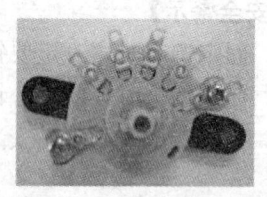
e)吊扇五位调速开关

图2—34 常见开关的外形

开关安装应符合下列规定:

(1)拉线开关距地面的高度一般为2~3 m;距门口为150~200 mm;且拉线的出口应向下。

(2)扳把开关距地面的高度为1.3 m,距门口为150~200 mm。开关不得置于单扇门背后。

(3) 暗装开关的面板应端正、严密,并与墙面平。

(4) 开关位置应与灯位相对应,同一室内开关方向应一致。

2. 插座

插座是专为移动照明器具、家用电器和其他用电设备提供电源的元件,有明装和暗装之分,按其基本结构分为单相双极双孔、单相三极三孔、三相四极四孔插座等。常见插座外形如图2—35所示。

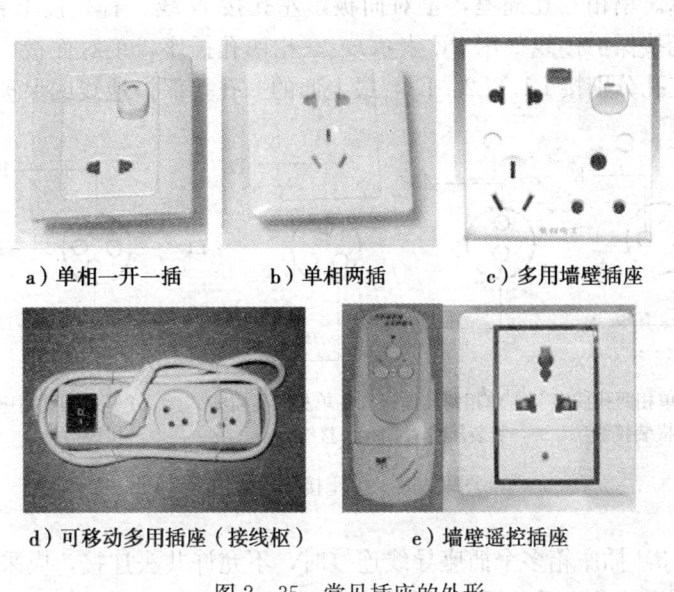

a) 单相一开一插　　b) 单相两插　　c) 多用墙壁插座

d) 可移动多用插座(接线枢)　　e) 墙壁遥控插座

图2—35　常见插座的外形

插座安装、接线应符合以下要求:

(1) 在儿童活动场所应采用安全插座。采用普通插座时,其安装高度不应低于1.8 m。

(2) 暗装的插座应有专用盒,盖板应端正严密并与墙面平,表面光滑整洁,装饰帽全。

(3) 车间及试验室插座安装高度不小于0.3 m,特殊场所暗装的插座不小于 0.15 m。

（4）插座接线要求

1）单相两孔插座有横装和竖装两种，如图 2—36a、图 2—36b 所示。横装时，正对面板，左孔（极）接中性线（用 N 表示），右孔（极）接相线（用 L 表示）；竖装时，正对面板，上孔接 L 线，下孔接 N 线。

2）单相三孔及三相四孔插座接线如图 2—36c、图 2—36d 所示。单相三孔插座，正对面板，左孔接 N 线、右孔接 L 线、上孔接保护接线（用 PE 表示）。三相四孔插座，正对面板，下面三孔分别接 L1、L2、L3，最上面的一孔接保护地线或保护中性线。

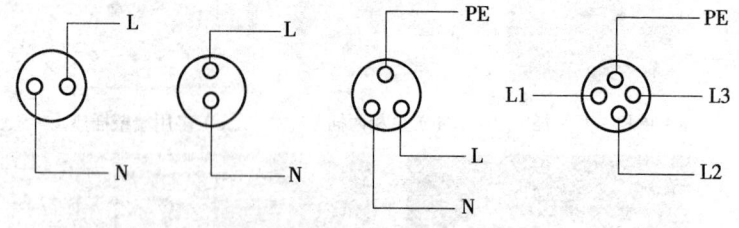

a）单相两孔插座横装接线　b）单相两孔插座竖装接线　c）单相三孔插座接线　d）三相四孔插座接线

图 2—36　插座接线示意图

3）插座箱多个插座导线连接时，不允许共头连接，应采用接帽压接总头后，再进行分支线连接。

3. 灯具

（1）白炽灯灯具。白炽灯泡是利用电流通过灯丝电阻的热效应，将电能转换成光能和热能。白炽灯泡有插口和螺口两种形式，结构如图 2—37a、图 2—37b 所示。灯泡的主要工作部分是钨丝制成的灯丝。为了防止断裂，灯丝多绕成螺旋式。40 W 以下的灯泡内部抽成真空；40 W 以上的灯泡在内部抽成真空后充有少量氩气或氮气等气体，以减少钨丝挥发，延长灯丝寿命。灯泡通电后，灯丝在高电阻作用下迅速发热发红，直到白炽程度而发光，白炽灯由此而得名。

灯座是用来固定灯泡并给其提供电源。常用灯座有卡口和螺口两种，结构照片如图2—37c所示。按其用途不同有普通型、防水型、安全型和多用型；按其安装方式有吊式、平顶式和管式。

a）螺口灯头　　　b）插口灯头

c）螺口灯座和插口灯座

图2—37　白炽灯灯具结构

1—玻璃壳　2—灯丝　3—引线　4—玻璃支架　5螺口　6—卡口　7—平装灯座螺纹口
8—平装灯座弹簧片　9—平装灯座外壳　10—吊装螺口灯座　11—吊装卡口灯座

(2) 荧光灯灯具。荧光灯又叫日光灯，是应用比较普遍的一种照明工具，主要由灯管、镇流器、启辉器和灯架等组成。

1) 灯管。灯管由玻璃管、灯丝、灯头和灯脚组成，如图 2—38 所示。玻璃管内抽成真空然后充入少量的汞和一些惰性气体，管壁涂有荧光粉。常用的灯管规格有 6 W、8 W、12 W、15 W、20 W、30 W、40 W 等。灯管的外形以直管常见，还有其他多种形状。

2) 启辉器。由氖泡、纸介质电容、外壳、插头等组成，如图 2—39 所示。氖泡里有静触片和一倒 U 形的双金属片。其规格有 4～8 W、15～20 W、30～40 W、4～40 W 等。

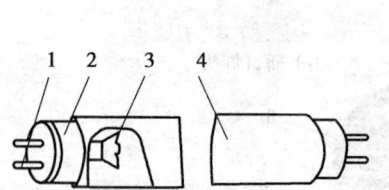
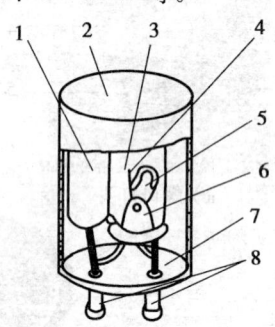

图 2—38　荧光灯管的构造
1—灯脚　2—灯头
3—灯丝　4—玻璃管

图 2—39　启辉器
1—电容器　2—铝壳　3—玻璃泡
4—触头　5—动触头　6—涂铀化物
7—绝缘底座　8—插头

3) 镇流器。常用的镇流器有电感式和电子式两种，如图 2—40 所示。电感式镇流器实质是一带铁心的电感线圈；电子式镇流器内部由一些电子元件组成。电子镇流器一般有 6 根线头，其中 2 根接电源，另外 4 根分为两组分别接到灯管两端的灯丝上。实验检测证明：对于 40 W 的日光灯来说，使用电子镇流器要比使用电感式镇流器节电率约 30%。镇流器的选用必须与灯管的规格相配套。

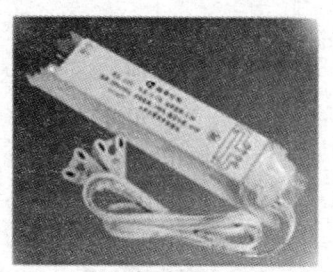

a）电感式镇流器　　　　　　b）电子式镇流器

图 2—40　镇流器的外形

4）灯座。灯座是用来支撑灯管的。灯座有开启式和插入弹簧式两种，如图 2—41 所示。开启式灯座还有大型和小型两种，6 W、8 W、12 W 等用小型灯座，15 W 以上的灯管用大型灯座。

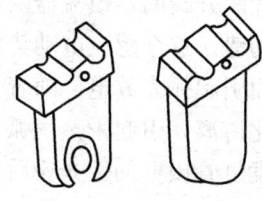
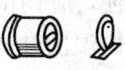

a）开启式　　　　　　　　　b）插入式

图 2—41　荧光灯灯座

5）灯架。灯架用来固定灯座、灯管、启辉器等荧光灯零部件，如图 2—42 所示。常用的有木制、铁制、铝制等几种。

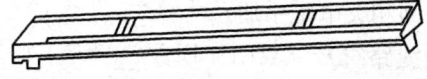
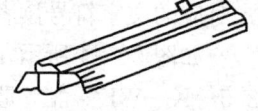

a）木制　　　　　　　　　　b）铁皮制

图 2—42　荧光灯灯架

6）荧光灯工作原理。荧光灯电路原理如图2—43所示。当荧光灯接通电源后，电源电压经过镇流器、灯丝，加在启辉器的U形动触片和静触片之间，引起辉光放电。放电时产生的热量使双金属U形动触片膨胀并向外伸张与静触片接触，接通电路，使灯丝预热并发射电子。同时，由于U形动触片与静触片相接触，两触片间电压为零而停止辉光放电，使U形动触片冷却，并复原而脱离静触片。在动触片断开瞬间，镇流器两端会产生一个比电源电压高得多的感应电动势。这个感应电动势加在灯管两端，使灯管内惰性气体被电离而引起弧光放电。随着弧光放电，灯管内温度升高，液态汞就汽化游离，引起汞蒸气弧光放电而产生不可见的紫外线。紫外线激发灯管内壁的荧光粉后，发出近似日光色的灯光。

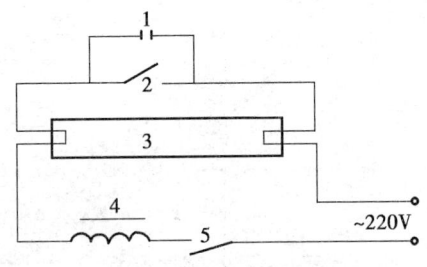

图2—43　荧光灯电路
1—启辉器电容　2—U形双金属片
3—灯管　4—镇流器　5—开关

二、简单照明线路图识读

1. 照明线路的表示方法

照明线路在平面图上采用图线和文字符号相结合的方法表示出线路的走向、导线的型号、规格、根数、长度、线路配线方式、线路用途等。线路特征和功能对应的文字符号及线路敷设方式对应的文字符号读者可查阅相关电工手册。

如图2—44所示，标注线路符号"WL1—BLV—3×6+1×2.5—K—WE"含义是：第1号照明分支线（WL1）；导线型号是铝芯塑料绝缘线（BLV），共有4根导线，其中3根相线为6 mm²，另一根中性线为2.5 mm²；配线方式为瓷瓶配线（K），敷设部位为沿墙明敷（WE）。

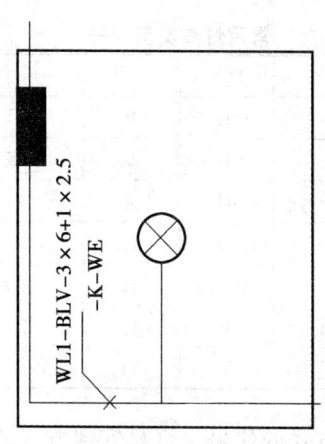

图 2—44 照明线路的表示方法

2. 照明器具的表示方法

照明器具采用图形符号和文字标注相结合的方法表示。文字标注的内容通常包括电光源种类、灯具类型、安装方式、灯具数量、额定功率等。

（1）电光源种类的代号。电光源种类的代号见表 2—5。

表 2—5　　　　　　电光源种类

序号	电光源种类	代号	序号	电光源种类	代号
1	氖灯	Ne	7	电发光灯	EL
2	氙灯	Xe	8	弧发光灯	ARC
3	钠灯	Na	9	荧光灯	FL
4	汞灯	Hg	10	红外线灯	IR
5	碘钨灯	I	11	紫外线灯	UR
6	白炽灯	IN	12	发光二极管	LED

（2）灯具类型的代号。常用灯具类型的代号见表 2—6。

表 2—6　　　　　常用灯具类型代号

序号	灯具名称	代号	序号	灯具名称	代号
1	普通吊灯	P	8	工厂一般灯具	G
2	壁灯	B	9	荧光灯具	Y
3	花灯	H	10	隔爆灯	B
4	吸顶灯	D	11	水晶底罩灯	J
5	柱灯	Z	12	防水防尘灯	F
6	卤钨探照灯	L	13	搪瓷伞罩灯	S
7	投光灯	T	14	无磨砂玻璃罩万能灯	W

（3）灯具安装方式的代号。灯具安装方式的代号见表 2—7。

表 2—7　　　　灯具安装方式的代号

序号	名称	英文	文字代号		注
			新符号	旧符号	
1	链吊	Chain pendant	C	L	
2	管吊	Pipe（conduit）elected	P	G	
3	线吊	Wire pendant	WP	X	不注高度
4	吸顶	Ceiling mounted	CM	XD	
5	嵌入	Recessed in	R	Q	
6	壁装	Wall mounted	Y	B	

（4）灯具标注的一般格式。灯具标注的一般格式如下：

$$a-b\frac{cd}{e}f$$

式中　a——某场所同类型照明器具数量，个；

　　　b——灯具类型代号；

　　　c——照明器内安装灯泡或灯管的数量，个；

　　　d——每个灯泡或灯管的功率，W；

　　　e——安装高度，m；

　　　f——安装方式代号。

【训练准备】

1. 螺口式和插口式白炽灯头、灯泡、灯座等。吸顶式荧光灯组件 1 套。

2. 电工常用工具及仪表 1 套,安全防护用品 1 套。

【训练要领】

1. 灯具检查

(1) 根据灯具的安装场所检查灯具是否符合要求

1) 在易燃和易爆场所应采用防爆式灯具。

2) 有腐蚀性气体及特别潮湿的场所应采用封闭式灯具。

3) 可能受到机械损伤的厂房内,应采用有保护网的灯具;振动场所(如有锻锤、空压机、桥式起重机等)灯具应有防撞措施(如采用吊链软性连接)。

4) 除敞开式外,其他各类灯具的灯泡容量在 100 W 及以上的均应采用瓷质灯头。

(2) 根据装箱清单清点安装配件和制造厂的有关技术文件。

(3) 检查灯内配线是否符合要求

1) 灯内配线应符合设计要求及有关规定。

2) 穿入灯箱的导线在分支连接处不得承受额外应力和磨损,多股软线的端头需盘圈。

3) 灯箱内的导线不应过于靠近热光源,并应采取隔热措施。

2. 灯具接线和安装

(1) 白炽灯安装

1) 塑料(木)台安装。塑料(木)台是固定灯具的基础,必须安装牢固。不同场合固定方法如图 2—45 所示。在现浇混凝土楼板上可直接用螺钉将塑料(木)台固定在预埋接线盒上,导线从塑料(木)台中心孔穿出。空心楼板上的塑料(木)台可用伞形螺栓固定。在混凝土楼板上也可用两支 $\phi 8$ mm 的塑料胀管固定。

2) 平灯座安装。拧下螺口平灯座外壳,将导线从灯座底部

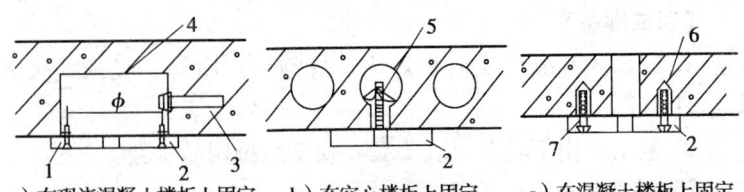

a）在现浇混凝土楼板上固定　　b）在空心楼板上固定　　c）在混凝土楼板上固定

图2—45　塑料（木）台安装

1—平螺钉　2—塑料（木）台　3—电线管　4—预埋接线盒
5—伞形螺栓　6—塑料胀管　7—螺钉

穿入，将来自开关的电源相线接到中心弹簧片的接线螺钉上，中性线线接另一螺钉。

3）插口式吊灯座的安装。插口式吊灯座必须用两根绞合的橡胶套线作为与挂线盒的连接线，两端均应将线头绝缘层削去。首先，将上端塑料软线穿入挂线盒盖孔内打一个结，使其能承受吊灯的质量。然后，把软线上端两个线头分别穿入挂线盒底座凸起部分的两个侧孔里，再分别接到两个接线桩上，罩上挂线盒盖。最后，将下端塑料软线穿入吊灯座盖孔内也打一个结，把两个线头接到吊灯座上的两个接线桩上，罩上吊灯座盖子即可。其安装方法如图2—46所示。

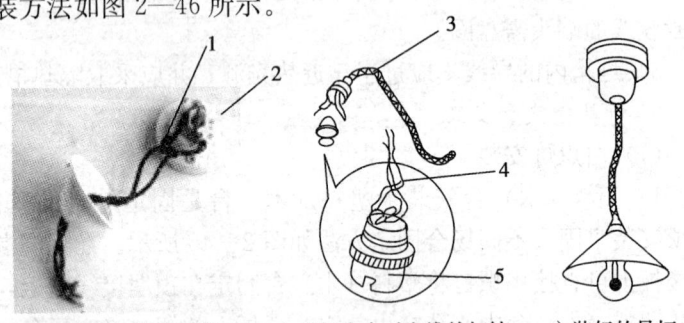

a）用木螺钉固定挂线盒座并将导线打结　　b）吊灯座内引出线并打结　　c）装好的吊灯

图2—46　吊灯座的安装

1—挂线盒内打结　2—挂线盒座　3—灯头线　4—灯头座内打结　5—插口灯座

（2）荧光灯具安装。吸顶式荧光灯安装工序如图 2—47 所示。

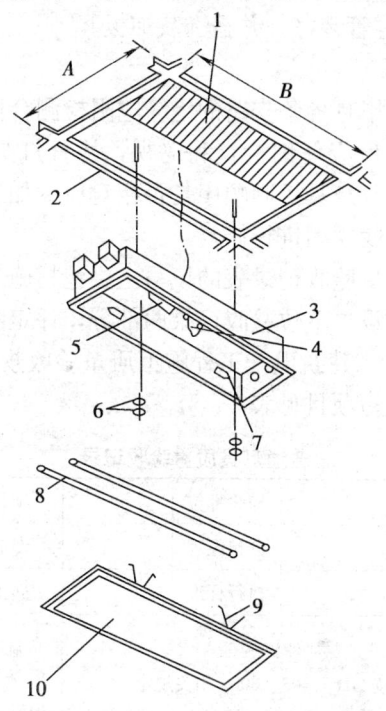

图 2—47　吸顶式荧光灯安装工序
1—顶棚　2—T形龙骨　3—灯箱　4—端子台　5—电子式镇流器
6—固定垫圈、螺母　7—弹簧支架　8—灯管　9—支撑弹簧　10—装饰板

1) 根据设计图 A 和 B 的尺寸边界，确定荧光灯的位置，将荧光灯贴紧建筑物表面，此时荧光灯的灯箱应完全遮盖住灯头盒，对着灯头盒的位置打好进线孔。

2) 电源线穿入灯箱，在进线孔处应套上塑料管以保护导线。

3) 找好灯头盒螺孔的位置，在灯箱的底板上用电钻打好孔，用螺钉拧牢固；在灯箱的另一端应使用膨胀螺栓加以固定。如果荧光灯是安装在吊顶上的，应该用自攻螺钉将灯箱本体固定在龙骨上。

4) 灯箱固定好后，将电源线接入灯箱内的端子板（瓷接头）上。

5) 把灯具的反光板固定在灯箱上,并将灯箱调整顺直。
6) 把荧光灯管装好,并盖上装饰板。

3. 检查验收

灯具安装完毕且各条支路的绝缘电阻检测合格后,方允许通电试运行。通电后应仔细检查和巡视,检查灯具的控制是否灵活、准确;开关与灯具控制顺序是否相对应。如果发现问题必须先断电,然后查找原因进行修复。

普通灯具质量验收记录表的填写主要包括施工单位检查评定记录和监理(建设)单位验收记录两部分,评定和验收的依据是 GB 50303—2002《建筑电气工程施工质量验收规范》相关规定。记录表格式和填写项目见表 2—8。

表 2—8 普通灯具质量验收记录

工程名称		检验部位		项目经理	
施工单位		分包经理		专业工长	
分包单位		执行标准		施工组长	
验收项目	按 GB 50303—2002 相关规定			施工单位检查、评定记录	监理(建设)单位验收记录
主控项目	(1) 灯具的固定应符合以下规定: 1) 灯具质量大于 3 kg 时,固定在螺栓或吊钩上;0.5 kg 以下采用软线自吊;大于 0.5 kg 采用吊链 2) 灯具固定牢靠,不使用木楔;每个灯具固定螺钉不少于两个 (2) 花灯吊钩圆钢直径不小于挂销直径 (3) 灯具安装高度不小于下列数值: 1) 室外 2.5 m;室内 2 m 2) 软吊线带升降器的灯具在吊线展开后留有 0.8 m				

续表

验收项目	按 GB 50303—2002 相关规定	施工单位检查、评定记录	监理（建设）单位验收记录
一般项目	（1）灯头线（铜芯软线）线芯最小截面必须符合规定： 1）明用建筑室内 0.5 mm^2 2）工业建筑 0.5 mm^2 3）室外 1.0 mm^2 （2）灯具外形、灯头及其接线必须符合以下规定： 1）灯具及其配件齐全，无机械损伤、变形、灯罩破裂等缺陷 2）吊灯软线两端做保护扣，两端线芯搪锡；当装升降器时，套塑料软管，采用安全灯头 3）除敞开式灯具外，其他各类型灯具灯泡在 100 W 及其以上的采用瓷质灯头 4）采用螺口灯头时，相线接于螺口灯头的中间端子上 （3）安装在重要场所的大型灯具应采取防止玻璃罩破裂后向下溅落的措施 （4）安装在室外的壁灯应有泄水孔		
施工单位检查评定结果	项目专业质量检查员： 年　月　日		
监理（建设）单位验收结论	电气监理工程师： 年　月　日		

4. 常见故障分析和排除

（1）白炽灯线路常见故障分析和维修方法见表 2—9。

表 2—9　　白炽灯线路常见故障分析和维修方法

故障现象	故障分析	维修方法
灯泡不亮	(1) 灯泡钨丝烧断 (2) 电源熔断器的熔丝烧断 (3) 灯座或开关接线松动或接触不良	(1) 调换新灯泡 (2) 检查熔丝烧断的原因并更换熔丝 (3) 检查灯座和开关的接线并修复
开关合上后熔断器熔丝熔断	(1) 灯座内两线头短路 (2) 线路中发生短路 (3) 用电器发生短路 (4) 用电量超过熔丝容量	(1) 检查灯座内两线头并修复 (2) 检查导线绝缘是否老化或损坏并修复 (3) 检查用电器并修复 (4) 减少负载
灯泡忽亮忽灭	(1) 灯座或开关接线松动 (2) 熔断器熔丝接触不良	(1) 检查灯座和开关并修复 (2) 检查熔断器并修复
灯泡发强烈白光,并瞬时或短时烧毁	(1) 灯泡额定电压低于电源电压 (2) 灯泡钨丝有搭丝,从而使电阻减小,电流增大	(1) 更换与电源电压相符合的灯泡 (2) 更换新灯泡

（2）荧光灯线路常见故障分析和维修方法见表 2—10。

表 2—10　　荧光灯线路常见故障分析和维修方法

故障现象	故障分析	维修方法
不能发光或发光困难,灯管两头发亮或灯闪烁	(1) 电源电压太低 (2) 接线错误或灯管与灯脚接触不良 (3) 灯管老化 (4) 镇流器配用不当 (5) 气温过低 (6) 启辉器配用不当、接线断开、电容器短路或触点熔焊	(1) 测量并调整电源电压 (2) 检查线路和接触点并修复 (3) 更换新灯管 (4) 更调镇流器 (5) 改善工作条件 (6) 检查并更换启辉器

续表

故障现象	故障分析	维修方法
灯管两头发黑或生斑	(1) 灯管老化 (2) 电源电压太高 (3) 镇流器配用不合适 (4) 如新灯管,可能因启辉器损坏,使灯丝发光物质加速发挥	(1) 调换新灯管 (2) 测量电压并适当调整 (3) 更换适当镇流器 (4) 更换启辉器
灯管寿命短	(1) 镇流器配用不当或质量差使灯管电压偏高 (2) 受到剧振,致使灯丝振断 (3) 电源电压太高 (4) 开关次数太多或各种原因引起的灯光闪烁	(1) 选用适当的镇流器 (2) 更换新灯管,改善安装条件 (3) 调整电源电压 (4) 减少开关次数,及时检修闪烁故障
镇流器有杂声或电磁声	(1) 镇流器质量差,铁心松动 (2) 镇流器过载或其内部短路 (3) 电压过高	(1) 更换镇流器 (2) 检查过载原因,更换镇流器或配用适当灯管 (3) 设法调整电压

【安全警示】

1. 灯具安装前一定要重点检查吊具、吊钩或膨胀螺栓的可靠性和牢固性,发现松动现象或不符合设计要求应及时处理、修正,更不允许临时用木楔代替。

2. 安装花灯或其他装饰灯具时,应注意防止玻璃破碎伤人。在儿童卧室或幼儿园娱乐场所尽量少用或不用玻璃罩的灯具,防止玻璃碎裂发生人身安全事故。

单元三　电动机拆装、维修与控制

> **学习提示**
>
> 　　本单元内容包括电动机拆装与维修、电动机正反转控制电路安装与调试两项学习任务。结合文后的技能训练项目,学习电动机典型故障排除。电动机维修在今后很多机电设备中都涉及,应重点掌握。

任务1　电动机拆装与维修

任务分解

1. 熟悉万用表、绝缘电阻表的选用和正确使用方法。
2. 了解两种典型电动机结构和铭牌含义。
3. 了解三相异步电动机工作原理。
4. 能够独立拆装电动机,并能排除简单故障。

【知识链接】

一、指针式万用表

万用表是电工的常用仪表,主要用于测量电压、电流和电阻。在电动机修理中常用来测量电源或控制电路电压,也可通过测发电电流判断电动机绕组首尾端或通过测绕组电阻判断简单故障等。常用的 MF47 型指针式万用表如图 3—1 所示。这里简单介绍其测量电压和电流的方法。

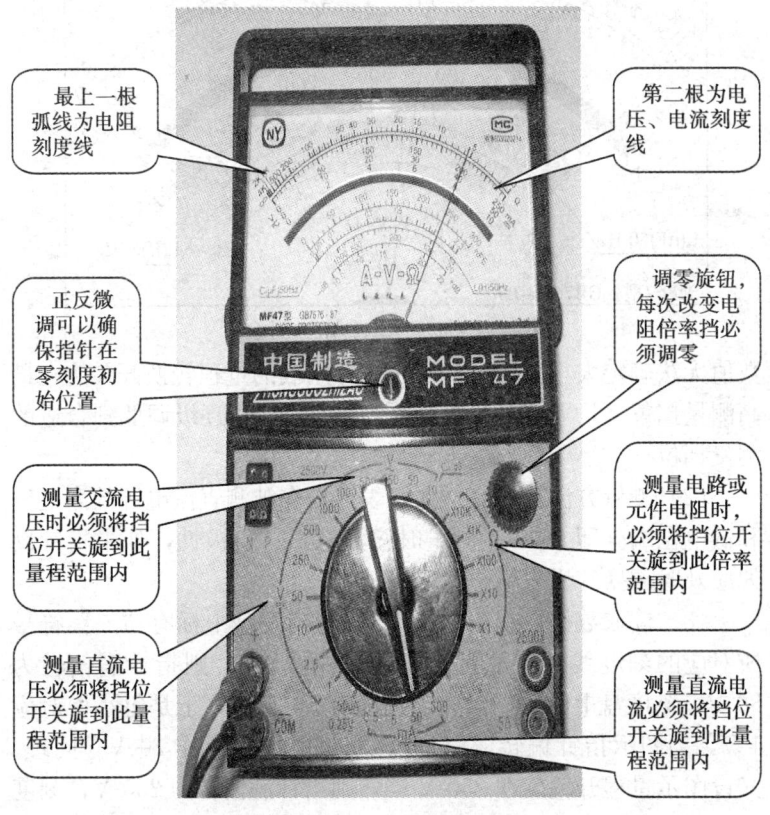

图 3—1 MF47 型指针式万用表

1. 测量直流电压

MF47 型万用表刻度盘如图 3—2 所示。

（1）选择量程。将转换开关转到直流电压挡，将红、黑表棒分别插入"+""—"插孔中。该表的直流电压有 1 V、2.5 V、10 V、50 V、250 V、500 V、1 000 V 共 7 个挡位，根据所测电压大小将量程转换开关置于相应的测量挡位上。如果所测量电压

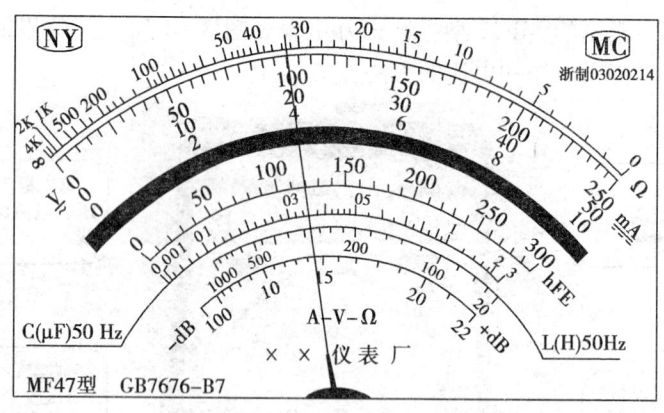

图 3—2 MF47 型万用表刻度盘

数值无法确定大小范围时,可先将万用表的量程转换开关旋在最高测量挡位(1 000 V),指针若偏转很小,再逐级调低到合适的测量挡位。

(2) 测量方法。将红、黑两表笔搭在被测直流电源的高电位和低电位端(即并接)。测量时应注意正、负极性,如果指针反偏应及时调换红黑表笔。

(3) 读取数据。观察图 3—2 所示刻度盘中标有"$\backsim$"符号所对应的刻度线。设量程开关旋在 50 V 挡,则指针满偏转为 50 V,刻度盘上电压挡对应满刻度有 50 小格,于是每小格对应 1 V,当图示指针偏转 20 格时,测量电压应读作 20 V。同理,又设图示量程开关旋在 250 V 挡,则指针满偏转为 250 V,刻度盘上电压挡对应满刻度仍是 50 小格,于是每小格对应 5 V,当图示指针偏转 20 格时,测量电压应读做 100 V。

2. 测量交流电压

选择好交流电压表或万用表(注意转换开关旋在"~"挡测量)的合适量程,将其两测量端直接并接于被测线路或负载两端即可读数,读数方法同直流电压表。

3. 测量直流电流

(1) 选择量程。将转换开关转到直流电流挡,将红、黑表棒分别插入"+""−"插孔中。该表的直流电流有 50 μA、0.5 mA、5 mA、50 mA、500 mA 和 5 A 共 6 个挡位,根据所测电流大小将量程转换开关置于相应的测量挡位上。如果所测量电流数值无法确定大小范围时,可先将万用表的量程转换开关旋在 500 mA 挡,指针若偏转很小,再逐级调低到合适的测量挡位。

(2) 测量方法。将红、黑两表笔串接到电路中,红表笔接电路高电位端,黑表笔接电路低电位端。如果指针反偏应及时调换红黑表笔。使用 5 A 挡时,红笔插入 5 A 插座,量程开关置于 500 mA 挡。

(3) 读取数据。观察刻度盘中标有"mA"符号所对应的刻度线。设量程开关旋在 50 mA 挡,则指针满偏转为 50 mA,刻度盘上电流挡对应满刻度有 50 小格,于是每小格对应 1 mA,当指针偏转 40 格时,测量电流应读做 40 mA。同理,假设量程开关旋在 500 mA 挡,则指针满偏转为 500 mA,刻度盘上电流挡对应满刻度仍是 50 小格,于是每小格对应 10 mA,当指针偏转 40 格时,测量电流应读做 400 mA。

二、绝缘电阻表

绝缘电阻表又称兆欧表或摇表,用来检测和测量电气设备和供电线路的绝缘电阻,常用的两种绝缘电阻表外形如图 3—3 所示。由于电气设备或电力线路的绝缘材料常因发热、受潮、老化、污染等原因而使其绝缘电阻值降低,以至损坏,造成漏电或发生事故,因此必须定期检查电气设备的导电部分之间和导电部分与外壳之间的绝缘电阻。

绝缘电阻表的选用是根据其电压和测量范围来选择的。选用绝缘电阻表的额定电压要与被测量电气设备或线路的工作电压相对应。通常额定电压为 1 000 V 及以上电气设备,使用 2 500 V 绝缘电阻表;额定电压在 1 000 V 以下的电气设备,使用 1 000 V 绝缘电阻表。现仅介绍 ZC25B−4 型绝缘电阻表使用方法。

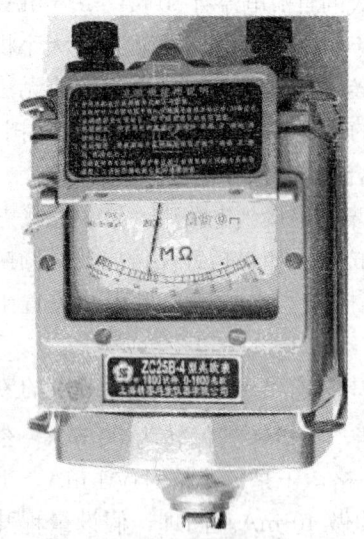
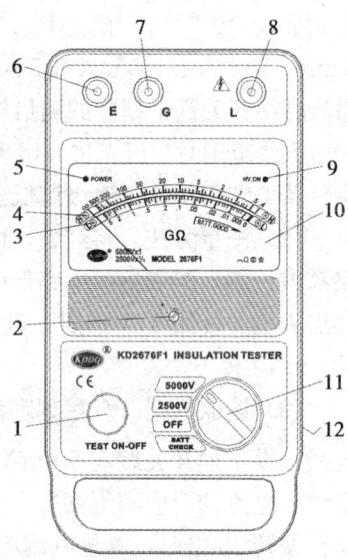

a) ZC25B—4型绝缘电阻表　　　b) KD2676—1型绝缘电阻表

图 3—3　两种绝缘电阻表的外形
1—测试开关按钮　2—机械零位调节按钮　3—低量程指示灯
4—高量程指示灯　5—电源指示灯　6—E 端（接地）
7—G 端（屏蔽）　8—L 端（线路）　9—高压指示
10—表盘　11—选择开关　12—电池盒（背面）

1. 测量前对测量设备的检查

（1）切断被测量设备的电源，并将设备对地短路放电，使设备处于完全不带电状态，以保证人身和设备的安全与正确的测量结果。

（2）有可能感应出高电压的设备，在可能性没有消除以前，不可进行测量。

（3）被测物的表面要用干净的布或棉纱擦干净。

2. 测量前对绝缘电阻表的安放位置要求和性能检查

（1）绝缘电阻表应放在平稳的水平位置，远离大电流导体和强磁场的场合，以免影响读数。

(2) 测量前,先检查绝缘电阻表能否正常使用,具体办法是:摇动手柄到 120 r/min,这时指针应指在"∞"的位置;然后再将"线路""接地"两接线柱短接,缓慢转动手柄,其指针应指在"0"位置。满足这两个条件,表明绝缘电阻表基本正常。

3. 接线要求

一般测量时只用"线路"(L)和"接地"(E)两个接线柱。通常"L"接线柱应接在被试物的"火线"或"相线"上,"E"接线柱接在被测物的金属外壳上。当被测物表面漏电很严重,对测量的影响很显著而又不易除去时,需使用"保护"或"屏蔽"(G)接线柱。"屏蔽"(G)接线柱的接法是将"G"保护线缠绕在绝缘套管上。对电力电缆线路,保护线缠绕在电缆绝缘层上。

4. 测量注意事项

(1) 测量时,绝缘电阻表摇把的手摇转动直流发电机速度要匀速,切忌忽快忽慢。

(2) 绝缘电阻值随着测量时间的长短而不同,规定采用 1 min 后的读数。遇电容量特别大的被测物时,可等到指针稳定不变时进行读数。

(3) 测量时,除记录被测物的绝缘电阻外,还要记录当时环境温度、气候条件、所用绝缘电阻表的电压等级、量程范围和被测物的状况等。

三、电动机结构

三相交流异步电动机具有结构简单、制造、使用和维护方便等诸多优点,被广泛应用于工农业生产所需的各种电力驱动系统中。按照转子绕组结构不同,三相异步电动机可分为笼型异步电动机和绕线转子异步电动机两大类。

1. 三相笼型异步电动机结构

如图 3—4 所示,三相笼型异步电动机主要由定子和转子两大部分组成。定子由定子铁心、定子绕组和机座等组成,定子铁心由相互绝缘的厚 0.35~0.5 mm 的硅钢片叠压而成；三相对称定子绕组嵌在定子内圆均匀分布的槽内，并按一定连接方式引出 6 根线头到机座外的接线盒内；机座用铸铁或铸钢制成。

转子由转子轴、转子铁心和用铜条或铸铝制成的外形酷似鼠笼的笼圈组成。转子铁心由圆形硅钢片叠压而成，并在其外形冲有均匀分布的槽孔，槽孔中装置鼠笼。

转子铁心与定子铁心之间留有 0.35~0.5 mm 的间隙，称为气隙。

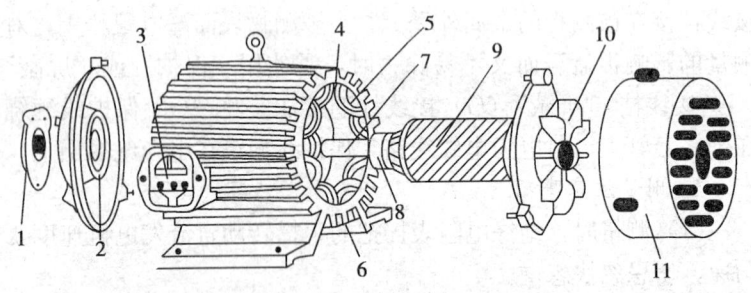

图 3—4 三相异步电动机结构
1—轴承盖 2—端盖 3—接线盒 4—定子铁心
5—定子绕组 6—机座 7—转轴 8—轴承
9—转子 10—风扇 11—罩壳

2. 三相绕线转子异步电动机结构

如图 3—5 所示，三相绕线转子异步电动机也是由定子和转子两大部分构成。与笼型相比较，二者只是在转子的构造上不同。

绕线转子异步电动机的转子铁心槽内嵌有三相对称绕组，它们联结成星形，每相绕组始终通过 3 个固定在转轴上的彼此绝缘的集电环与电刷滑动接触，然后与外电路连接。若在转子电路中串接可调电阻即可进行调速，以满足驱动机械改善启动性能和调速的要求。

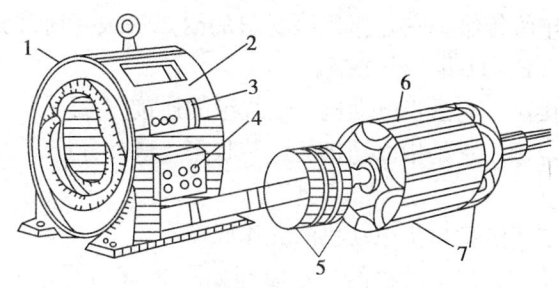

图 3—5　绕线式异步电动机结构
1—定子绕组　2—机座　3—定子铁心　4—接线盒
5—集电环　6—转子铁心　7—转子绕轴

3. 异步电动机的铭牌

异步电动机的铭牌上一般都标注有型号、额定功率、额定频率、额定电压、额定电流、额定转速等电机参数。

(1) Y 系列电动机型号。Y 系列电动机的型号由 4 部分组成：第一部分汉语拼音字母 Y 表示异步电动机；第二部分数字表示机座中心高（机座不带底脚时与机座带底脚时相同）；第三部分英文字母为机座长度代号（S—短机座、M—中机座、L—长机座），字母后的数字为铁心长度代号；第四部分横线后的数字为电动机的极数。

(2) 额定功率。它是指在额定转速下电动机转轴输出的功率，单位是 W 或 kW。

(3) 额定频率。它是指电动机在额定运行时的电源频率，一般国产交流电动机的额定频率为 50 Hz。

(4) 额定电压。它是指电动机定子绕组规定使用的线电压，单位是 V 或 kV。

(5) 额定电流。它是指电动机在输出额定功率时，定子绕组所允许通过的线电流，单位是 A。

(6) 额定转速。它是指电动机满载时的转子转速，单位是 r/min。

(7) 绝缘等级。它是指绝缘材料的耐热等级，通常分为 Y、A、E、B、F、H 共 7 个等级。

(8) 接法。它是指电动机定子绕组的连接方法。

(9) 定额。它是指电动机的运转状态，通常分连续、短时和断续 3 种。

四、三相笼型异步电动机的工作原理

三相笼型异步电动机的工作原理如图 3—6 所示。在定子铁心里嵌放着对称的三相绕组 U1－U2、V1－V2、W1－W2。转子槽内放有导条，导条两端用短路环短接起来，形成一个笼型的闭合绕组。定子三相绕组可接成星形，也可以接成三角形。如果定子对称三相绕组被施以对称的三相电压，就有对称的三相电流流过，并且会在电动机的气隙中形成一个旋转的磁场。

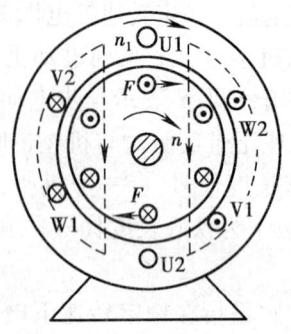

图 3—6 异步电动机的工作原理图

由于转子是静止的，转子与旋转磁场之间有相对运动，转子导体因切割定子磁场而产生感应电动势，因转子绕组自身闭合，转子绕组内便有电流流通。转子绕组在定子旋转磁场作用下，将产生电磁力。电磁力对转轴形成一个电磁转矩，其作用方向与旋转磁场方向一致，驱动转子顺着旋转磁场的旋转方向旋转，将输入的电能变成旋转的机械能。如果电动机轴上带有机械负载，则机械负载随着电动机的旋转而旋转，电动机对机械负载做了功。由于电动机转速 n 与旋转磁场转速 n_1 不同步，故称为异步电

动机。

综上分析可知,三相异步电动机转动的基本工作原理是:

1. 三相对称绕组中通入三相对称电流产生圆形旋转磁场。
2. 转子导体切割旋转磁场产生感应电动势和电流。
3. 转子载流导体在磁场中受到电磁力的作用,从而形成电磁转矩,驱使电动机转子转动。

异步电动机的旋转方向始终与旋转磁场的旋转方向一致,而旋转磁场的方向又取决于异步电动机的三相电流相序,因此三相异步电动机的转向与电流的相序一致。若要改变转向,只要改变电流的相序即可,即任意对调电动机的两根相线,便可使电动机反转。

【训练准备】

1. 拆卸前的准备

(1) 准备好拆卸工具,特别是拉具、套筒等专用工具。

(2) 选择和清理拆卸现场。

(3) 熟悉待拆电动机的结构及故障情况。

(4) 做好标记。

1) 标出电源线在接线盒中的相序。

2) 标出联轴器或带轮在轴上的位置。

3) 标出机座在基础上的位置,整理并记录好机座垫片。

4) 拆卸端盖、轴承、轴承盖时,记录好哪些属负荷端,哪些在非负荷端。

(5) 拆除电源线和保护接地线,测定并记录绕组对地绝缘电阻。

(6) 把电动机撤离基础,搬至修理拆卸现场。

2. 装配前的准备

(1) 认真检查装配工具、场地是否清洁、齐备。

(2) 彻底清扫定、转子内部表面的尘垢,最后用棉布蘸汽油擦拭(汽油不能太多,以免侵入绕组内部破坏绝缘)。

(3) 用灯光检查气隙、通风沟、止口处和其他空隙有无杂物和漆瘤，如有必须清除干净。

(4) 检查槽楔、绑扎带、绝缘材料是否松动脱落，有无高出定子铁心内表面的地方，如有应清除掉。

(5) 检查各相绕组冷态直流电阻是否基本相同，各相绕组对地绝缘电阻和相间绝缘电阻是否符合要求。

【训练要领】

1. 电动机的拆卸训练

中小型异步电动机的拆卸步骤和工艺要求见表3—1。

表3—1　　　　中小型异步电动机的拆卸步骤

工序	工作内容	图示	工艺说明
1	拆下带轮	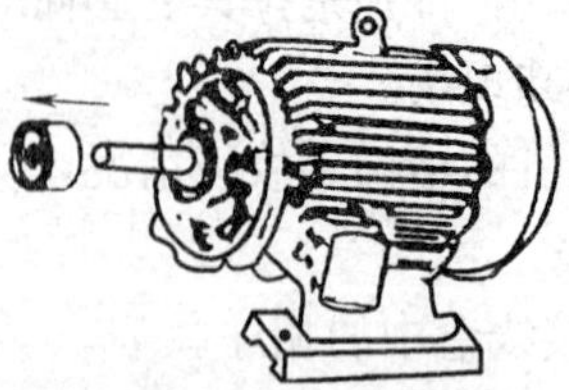	带轮（联轴器）常采用专用工具——拉具来拆卸。拆卸前，标出带轮正、反面，记下带轮（联轴器）在轴上的位置，作为安装时的依据。拆掉带轮上固定螺钉和销子后，用拉具勾住带轮边缘，搬动丝杠，将其慢慢拉下
2	拆下前轴承（负荷侧）外盖	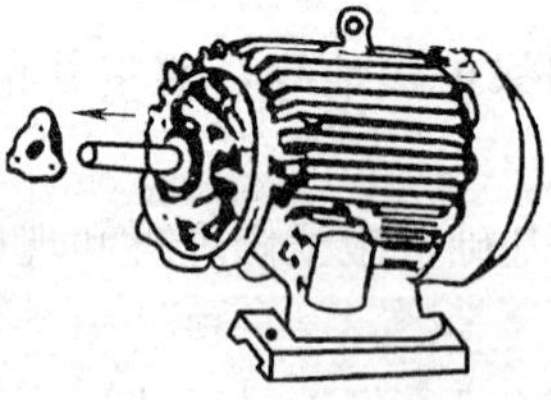	直接拧下轴承盖螺钉，取下轴承外盖

续表

工序	工作内容	图示	工艺说明
3	拆下前端盖	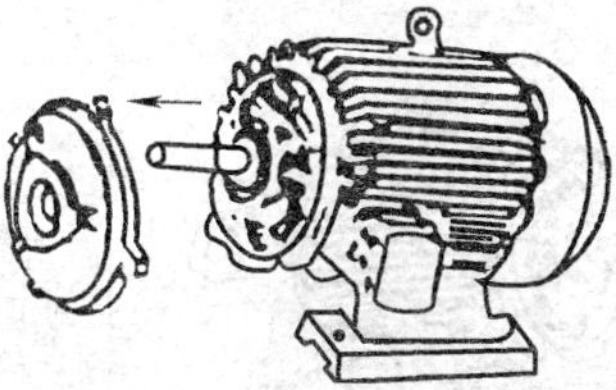	拆卸端盖前,应先检查紧固件是否齐全,端盖是否有损伤,并在端盖与机座接合处做好对正记号
4	拆下风罩	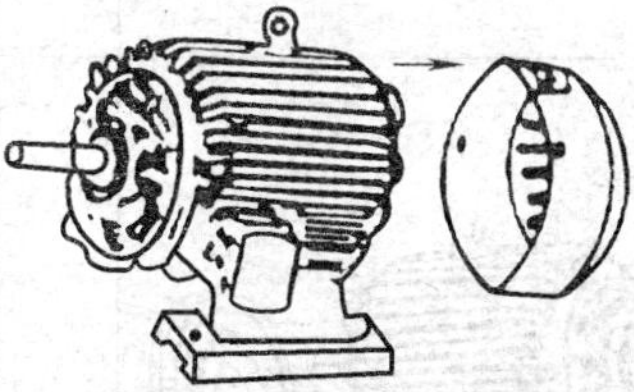	直接拧下侧面固定螺钉,即可拆下风罩
5	拆下风扇	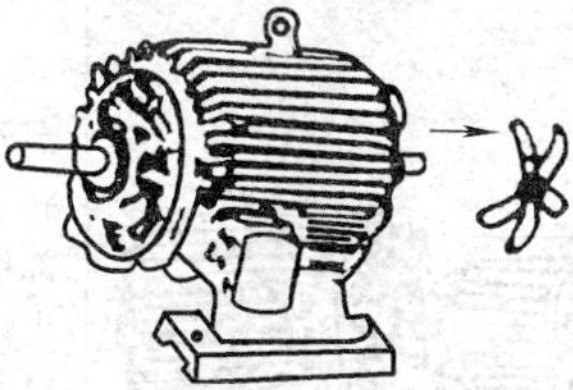	新型Y系列电动机采用整体注塑的塑料扇叶,它不宜采用敲打或撬的方式拆卸,以免破损。拆卸时,先去掉定位销钉和定位圈。配合较松的,可用手对称地握住扇叶两边,边摇边拉拆下;配合过紧的,可采用拉具。在扇叶上专门开有两个方孔,供拉钩伸入,勾住扇叶中部较厚的部位,拉下扇叶

续表

工序	工作内容	图示	工艺说明
6	拆下后轴承（非负荷侧）外盖	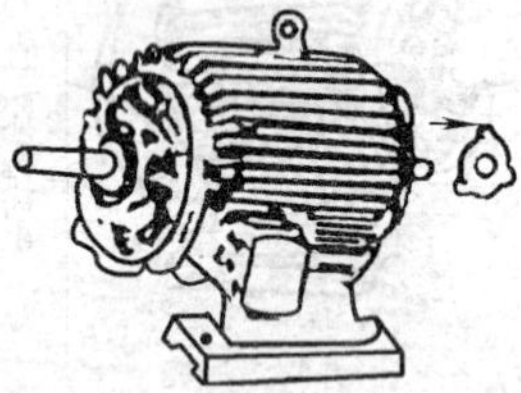	直接拧下固定螺钉，即可拆下外盖
7	拆下后端盖	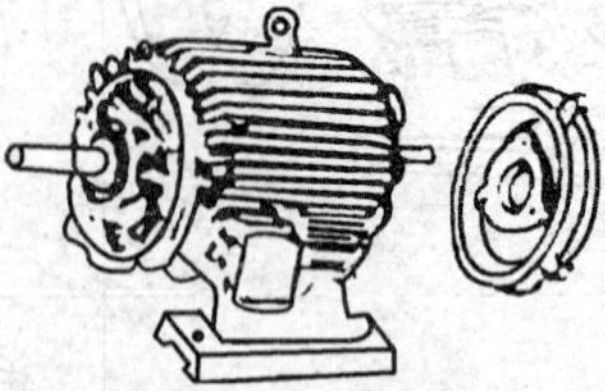	同工序2前端盖
8	抽出转子	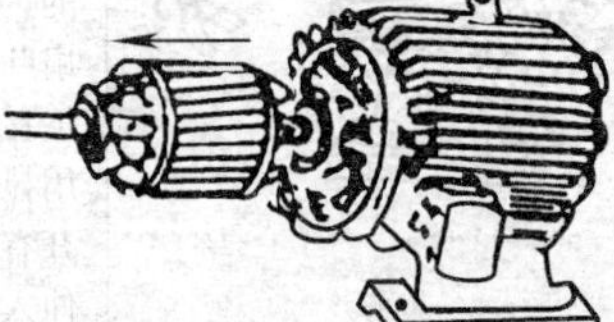	在抽出转子前，应在转子下面气隙和绕组端部垫上厚纸板，以免抽出转子时碰伤铁心和绕组，对于30 kg以内的转子，可以直接用手抽出；较大的电动机用起重设备吊出

续表

工序	工作内容	图示	工艺说明
9	拆下转子上前、后轴承和前、后轴承内盖	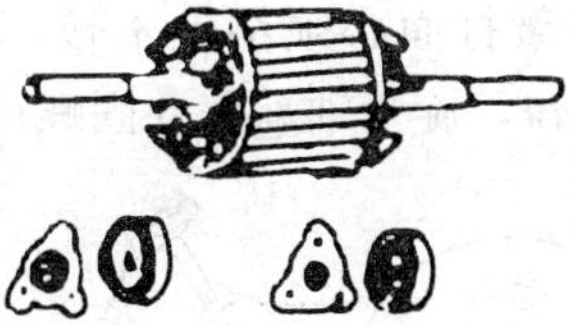	有时电动机端盖内孔与轴承外圈的配合比轴承内圈与转轴的配合更紧，在拆卸端盖时，轴承留在端盖内孔中。这时可将端盖止口面向上平稳地放置，在轴承外圈的下面垫上木板，但不能抵住轴承，然后用一根直径略小于轴承外沿的铜棒或其他金属棒，抵住轴承外圈，从上边用锤子打，使轴承从下方脱出

2. 电动机的安装训练

电动机的安装原则上按拆卸的相反步骤进行。下面训练主要零、部件的装配方法和工艺要求。

（1）滚动轴承的装配

1）装配前，检查轴承滚动件是否转动灵活而又不松旷，再检查轴承内圈与轴、外圈与端盖轴承孔之间的公差和粗糙度是否符合要求。

2）在轴承中按其总容量的 1/3～2/3 的容积加足润滑脂。注意，润滑油加得过多，会导致运转中轴承发热。

3）将内轴承盖加足润滑脂先套入轴内，然后再装轴承。为使轴承内圈受力均匀，应用一根内径比转轴外径略大而比轴承内圈略小的套筒抵住轴承内圈，将轴承敲打到位，如图 3—7a 所示。若一时找不到套筒，可用软铁条抵住轴承内圈，在圆周上均匀敲打，使其到位，如图 3—7b 所示。若轴与轴承配合过紧，可将轴承加热到 100℃ 左右，趁热迅速套上轴颈。安装轴承时，标号必须向外，以便下次更换时查对轴承型号。

(2) 端盖的装配

1) 后端盖的装配。按拆卸前所做的记号,转轴短的一端是后端。后端盖的凸耳外沿有固定风叶外罩的螺钉孔。装配时,将转子竖直放置,将后端盖轴承座孔对准轴承外圈套上,然后一边使端盖沿轴转动,一边用木锤敲打端盖的中央部分,如图3—8所示。如果用铁锤,被敲打面必须垫上木板,直到端盖到位为止,然后套上后轴承外盖,旋紧轴承盖并固螺钉。

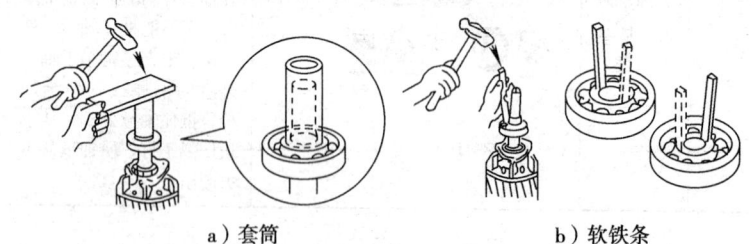

a) 套筒　　　　　　　　　b) 软铁条

图3—7　轴承安装示意图

按拆卸所做的标记,将转子放入定子内腔中,合上后端盖。按对角交替的顺序拧紧后端盖并紧固螺钉。注意边拧螺钉,边用木锤在端盖靠近中央部分均匀敲打,直至到位。

2) 前端盖的装配。将前轴内盖与前轴承按规定加好润滑油,参照后端盖的装配方法将前端盖装配到位。装配时先用一字形旋具清除机座和端盖止口上的杂物,然后装入端盖,按对角顺序紧固螺栓,具体步骤如图3—9所示。进一步装配轴承外盖时,前轴承内盖螺孔与前端盖的孔是否对准,无法看见,影响前轴承外盖的装配。为解决这一问题,可用两种方法:一种是试探法。如图3—10a所示,端盖装好后,把前轴承外盖套入,用一只螺栓穿过外盖和端盖上的孔,伸进电动机内,缓慢转动转轴,机内轴承内盖必须跟着轴转动,转动过程中,不断试探伸入的螺杆,并试着旋紧。感到对正内盖螺孔后,旋进螺栓,再插入其余两只螺栓,均匀紧固。用试探法一定不能鲁莽行事。如果猛然穿过螺栓，把内盖顶得远离端盖，则操作失败，只有轻轻穿入，仔细感觉才能对正螺孔。第二种是吊紧螺杆法。常在试探法无效（如轴承内盖由于卡涩而不随轴转动）时使用，如图 3—10b 所示。用一只无头的长螺杆，装端盖之前就伸入前端盖上的孔，旋进轴承内盖的螺孔，把它"吊"住，装配端盖过程中，吊紧螺杆使轴承内盖始终与端盖对正，端盖装好后，向外拉吊紧螺杆，把轴承外盖穿入。这时，可从另外两孔旋进轴承盖螺栓，然后旋下吊紧螺杆，换上轴承盖螺栓，再均匀紧固。

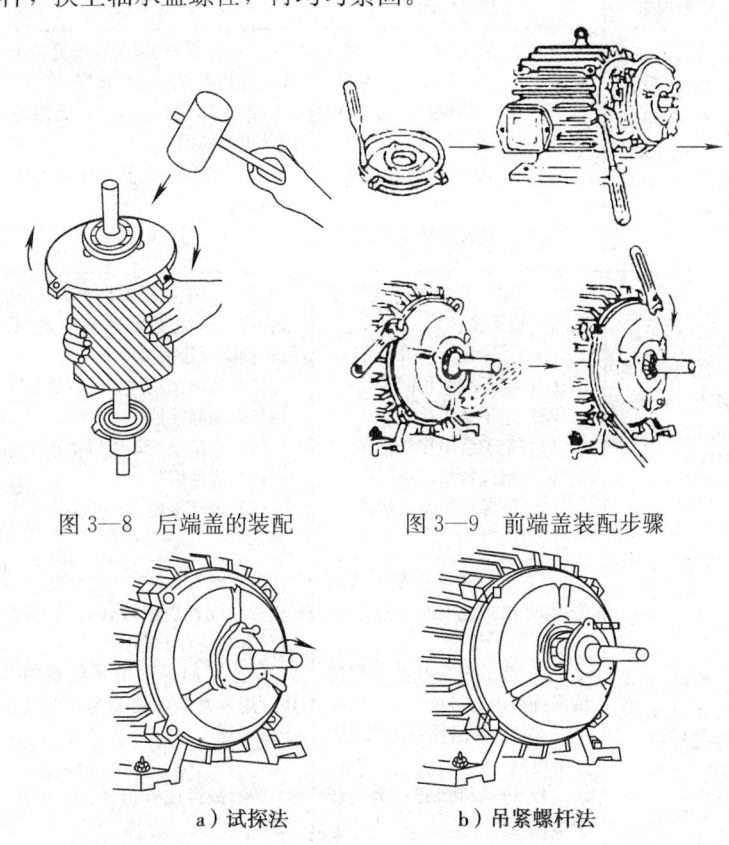

图 3—8 后端盖的装配　　图 3—9 前端盖装配步骤

a）试探法　　　　　　b）吊紧螺杆法

图 3—10 轴承内外盖的固定

3. 电动机维护

三相异步电动机在生产现场长期运行会发生各种故障，因此及时判断故障原因，并进行相应处理，是防止故障扩大、保证设备正常运行的重要工作。表3—2列出了三相异步电动机的常见故障现象、故障原因和排除方法，读者在生产实践中遇到类似问题可参考此表迅速找到故障原因，并有效排除故障。

表3—2　三相异步电动机常见故障、故障原因和维修方法

故障现象	故障原因	维修方法
通电后电动机不能转动，但无异响，也无异味和冒烟	(1) 电源未通（至少两相未通） (2) 熔丝熔断（至少两相熔断） (3) 过流继电器调得过小 (4) 控制设备接线错误	(1) 检查电源回路开关，接线盒处是否有断点，修复 (2) 检查熔丝型号、熔断原因，更换新熔丝 (3) 调节继电器整定值与电动机配合 (4) 改正接线
通电后电动机不转，然后熔丝烧断	(1) 缺一相电源，或定子线圈一相反接 (2) 定子绕组相间短路 (3) 定子绕组接地 (4) 定子绕组接线错误 (5) 熔丝截面过小 (6) 电源线短路或接地	(1) 检查刀开关是否有一相未合好，或电源回路有一相断线；消除反接故障 (2) 查出短路点，予以修复 (3) 消除接地 (4) 查出误接，予以更正 (5) 更换熔丝 (6) 消除接地点
通电后电动机不转，有"嗡嗡"声	(1) 定、转子绕组有断路（一相断线）或电源一相失电 (2) 绕组引出线始末端接错或绕组内部接反 (3) 电源回路接点松动，接触电阻大 (4) 电动机负载过大或转子卡住	(1) 查明断点，予以修复 (2) 检查绕组极性；判断绕组首末端是否正确 (3) 紧固松动的接线螺钉，用万用表判断各接头是否假接，予以修复 (4) 减载或查出并消除机械故障

续表

故障现象	故障原因	维修方法
通电后电动机不转,有"嗡嗡"声	(5) 电源电压过大 (6) 小型电动机装配太紧或轴承内油脂过硬 (7) 轴承卡住	(5) 检查是否把规定的三角形(△)接法误接为星形(Y);是否由于电源导线过细使压降过大,予以纠正 (6) 重新装配使之灵活;更换合格油脂 (7) 修复轴承
电动机启动困难,带额定负载时,电动机转速低于额定转速较多	(1) 电源电压过低 (2) 电动机三角形接法误接为星形 (3) 笼型转子开焊或断裂 (4) 定、转子局部线圈错接、接反 (5) 修复电机绕组时增加匝数过多 (6) 电动机过载	(1) 测量电源电压,设法改善 (2) 纠正接法 (3) 检查开焊和断点并修复 (4) 查出误接处,予以改正 (5) 恢复正确匝数 (6) 减载
电动机运行时响声不正常,有异响	(1) 转子与定子绝缘纸或槽楔相擦 (2) 轴承磨损或内有砂粒等异物 (3) 定、转子铁心松动 (4) 轴承缺润滑脂 (5) 风道填塞或风扇擦风罩 (6) 定转子铁心相擦 (7) 电源电压过高或不平衡 (8) 定子绕组错接或短路	(1) 修剪绝缘,削低槽楔 (2) 更换轴承或清洗轴承 (3) 检修定、转子铁心 (4) 加润滑脂 (5) 清理风道,重新安装风罩 (6) 清除擦痕,必要时车小转子 (7) 检查并调整电源电压 (8) 消除定子绕组故障

续表

故障现象	故障原因	维修方法
电动机过热甚至冒烟	(1) 电源电压过高，使铁心发热大大增加 (2) 电源电压过低，电动机且在额定负载运行，电流过大使绕组发热 (3) 修理拆除绕组时，采用热拆法不当，烧伤铁心 (4) 定、转子铁心相擦 (5) 电动机过载或频繁启动 (6) 笼型转子断条 (7) 电动机缺相，两相运行 (8) 重绕后定子绕组浸漆不充分 (9) 环境温度高，电动机表面污垢多，或通风道堵塞 (10) 电动机风扇故障，通风不良 (11) 定子绕组故障（相间、匝间短路；定子绕组内部连接错误）	(1) 降低电源电压（如调整供电变压分接头），若是电动机Y形、△形接法错误引起，则应改正接法 (2) 提高电源电压或更换粗导线供电 (3) 检修铁心，排除故障 (4) 消除擦点（调整气隙或锉、车转子） (5) 减载；按规定次数控制启动 (6) 检查并消除转子绕组故障 (7) 恢复三相运行 (8) 采用二次浸漆及真空浸漆工艺 (9) 清洗电动机，改善环境温度，采用降温措施 (10) 检查并修复风扇，必要时更换 (11) 检修定子绕组，消除故障

4. 用绝缘电阻表检测电动机的绝缘电阻

电动机保养或大修后，一般都要进行绝缘电阻的检测，读者可以按以下步骤进行训练和操作。

(1) 打开电动机接线盒，松开短接片。

(2) 按规定校对绝缘电阻表。

(3) 测试定子、转子绕组各相之间的绝缘电阻。将绝缘电阻表的 E 和 L 接线柱分别接被测电动机两绕组，以 120 r/min 的速度匀速摇动绝缘电阻表的手柄，待指针稳定后，读取示值，并记录。用同样的方法测量其他绕组间的绝缘电阻。

(4) 测试每相绕组对地绝缘电阻。将绝缘电阻表的 E 接线柱与电动机的接地端子相连，L接线柱接任意相绕组的一端，摇动绝缘电阻表，读取读数并记录。

（5）被测电动机绝缘电阻的估算值为：

$$R=\frac{U_N}{1\ 000+\dfrac{P_N}{100}} \qquad (3-1)$$

式中　　R——绝缘电阻，MΩ；

　　　　U_N——电动机额定电压，V；

　　　　P_N——电动机额定功率，kW。

将测量值与估算值进行比较，常温下低压电动机的绝缘电阻不得低于 0.5 MΩ，否则应对电动机进行干燥处理。

【安全警示】

1. 电动机接线应确保首尾端连接正确，并注意铭牌上规定的接线方式。

2. 电动机保养或简单修理后，必须检测各绕组的绝缘情况。

任务2　按钮—接触器控制电动机正反转与维修

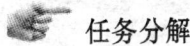　**任务分解**

1. 熟悉电动机常用低压电器。

2. 牢固掌握三相异步电启机启—保—停电路和正反转电路的结构、工作原理。

3. 能够独立安装、调试电动机正反转电路，并能排除电路运行中的常见故障。

【知识链接】

一、电机控制常用低压电器

1. 按钮

按钮开关适用于交流电压 500 V 或直流电压 440 V，电流为

5 A 及以下的电路中。一般情况下它不直接操纵主电路的通断，而是在控制电路中发出"指令"，通过接触器、继电器等电器去控制主电路；也可用于电气联锁等线路中。部分常见按钮开关的外形如图 3—11 所示。

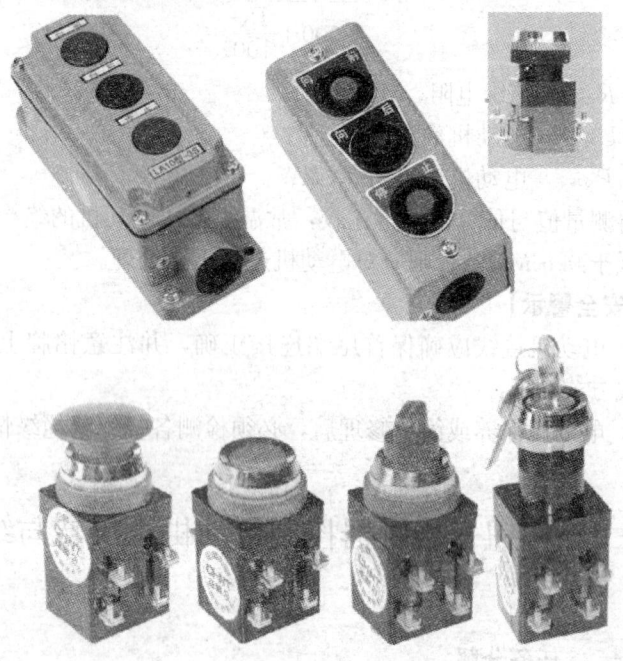

图 3—11 部分按钮开关的外形

按钮开关一般由按钮帽、复位弹簧、桥式动触头、静触头、支柱连杆及外壳等部分组成，如图 3—12 所示。按钮开关按静态时触头的分合状态和用途可分为常开按钮（启动按钮）、常闭按钮（停止按钮）和复合按钮（常开、常闭组合为一体的按钮）。

在选择按钮开关时要注意事项如下：

（1）根据使用场合和具体用途选择按钮的种类。

（2）根据工作状态指示和工作情况要求，选择按钮或指示灯

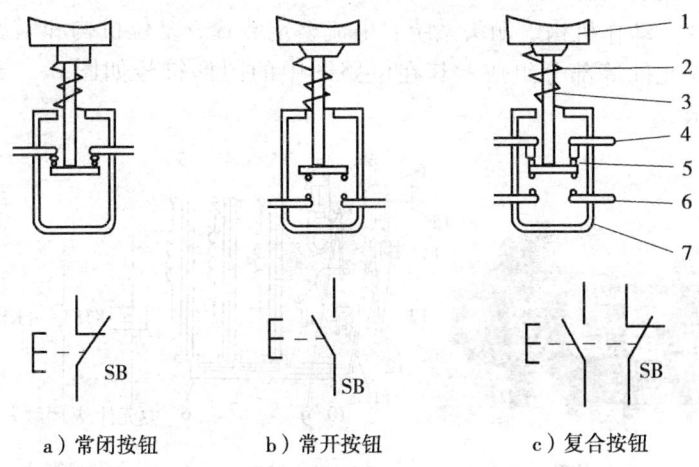

图 3—12 按钮的结构和图形符号
1—按钮帽 2—复位弹簧 3—支柱连杆 4—常闭静触头
5—桥式动触头 6—常开静触头 7—外壳

的颜色。例如，启动按钮可选用白、灰、黑或绿色，优先选用白色。急停按钮必须选用红色。停止按钮可选用黑、灰、白或红色，优先选用黑色。此外，国际标准 IEC60073 规定：使用中，对于一键双控"启动"与"停止"或"通电"与"断电"情况下，即交替按压后改变功能的，既不能用红色，也不能用绿色，而应用黑、白或灰色按钮；用于电路点动控制时，应优先选用黑色按钮；电路"复位"控制可选用蓝、黑、白或灰色按钮。

（3）根据控制回路的需要选择按钮的数量，如单联按钮、双联按钮和三联按钮等。

2. 热继电器

热继电器是一种利用流过继电器的电流所产生的热效应来切换电路的保护电器。它主要用于电动机的过载保护、断相保护、电流不平衡运行的保护及其他电气设备发热状态的控制。

热继电器的外形和结构如图3—13a、b所示,它主要由热元件、动作机构、触头系统、电流整定装置、复位机构和温度补偿元件等部分组成。其在电路图中的图形符号如图3—13c所示。

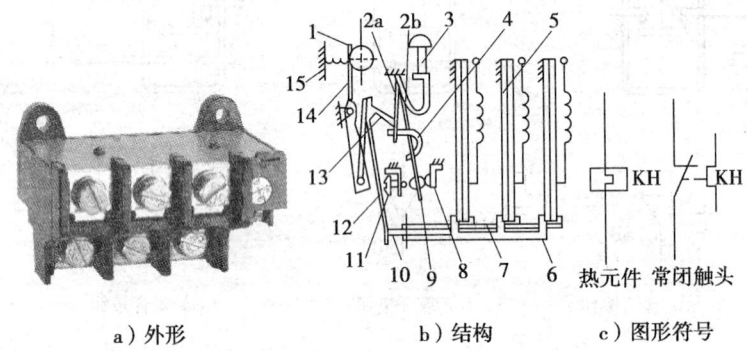

a)外形　　　　　　　b)结构　　　　c)图形符号

图3—13　JR16系列热继电器
1—电流调节凸轮　2—片簧　3—手动复位按钮　4—弓簧
5—主双金属片　6—外导板　7—内导板　8—静触头
9—动触头　10—杠杆　11—复位调节螺钉　12—补偿双金属片
13—推杆　14—连杆　15—压簧

热继电器的工作原理示意图如图3—14所示。当电动机绕组因过载引起过载电流时,发热元件所产生的热量足以使主双金属片弯曲,推动导板向右移动,又推动了温度补偿片,使推杆绕轴转动,推动动触头连杆,从而使动触头与静触头分开,使电动机线路中的接触器线圈断电释放,因此将电源切断,起到了保护作用。

热继电器动作后的复位有手动复位和自动复位两种,手动复位的功能由复位按钮来完成。

选择热继电器主要根据所保护电动机的额定电流来确定热继电器的规格和热元件的电流等级。

(1)根据电动机的额定电流选择热继电器的规格。一般应使热继电器的额定电流略大于电动机的额定电流。

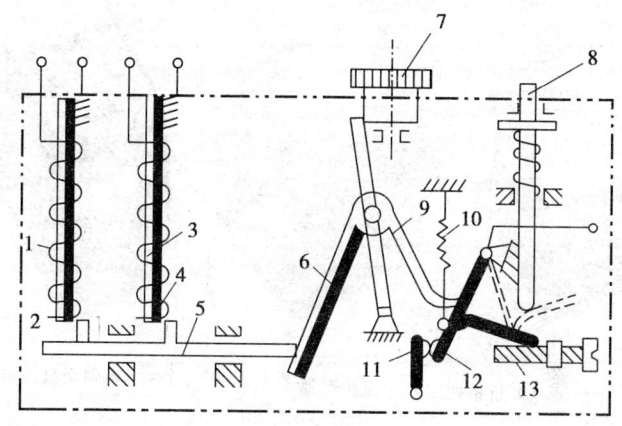

图 3—14 热继电器的工作原理示意图
1—加热元件 2—主双金属片 3—加热元件 4—主双金属片
5—导板 6—温度补偿片 7—凸轮 8—复位按钮
9—推杆 10—弹簧 11—静触头 12—动触头 13—调整螺钉

(2) 根据需要的整定电流值选择热元件的电流等级。一般情况下，热元件的整定电流为电动机额定电流的 0.95～1.05 倍。

(3) 根据电动机定子绕组的联结方式选择热继电器的结构形式，即定子绕组作 Y 形联结的电动机选用普通三相结构的热继电器，而作 △ 形联结的电动机应选用三相结构带断相保护装置的热继电器。

3. 交流接触器

交流接触器是一种自动的电磁开关，适用于远距离频繁地接通或断开主电路。其主要控制对象是电动机，也可用于控制其他负载。它不仅能实现远距离自动操作和欠电压释放保护功能，而且具有控制容量大、工作可靠、操作频率高、使用寿命长等优点，因而在电力系统中得到了广泛应用。

常用的交流接触器主要有新系列 CJ20 交流接触器、3TB 系列交流接触器和 B 系列交流接触器，其外形照片如图 3—15 所示。

交流接触器的结构主要由电磁系统、触头系统、灭弧装置三

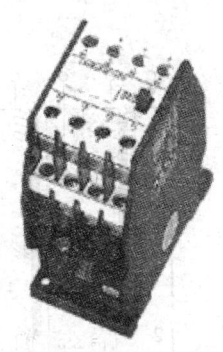

a）新系列CJ20交流接触器　　b）3TB系列交流接触器

c）B系列交流接触器

图 3—15　常用交流接触器外形

大部分组成，另外还有反作用力弹簧、缓冲弹簧、触头压力弹簧和传动机构等部分。CJ10－20 型交流接触器的结构如图 3—16a 所示。

电磁系统主要由线圈、铁心（静铁心）和衔铁（动铁心）三部分组成。其作用是利用电磁线圈的通电或断电，使衔铁和铁心吸合或释放，从而带动动触头与静触头闭合或分断，实现接通或断开电路的目的。

交流接触器的触头系统一般分为主触头和辅助触头。主触头用以通断电流较大的主电路，一般由 3 对接触面较大的常开触头组成。辅助触头用以通断电流较小的控制电路，一般由 2 对常开

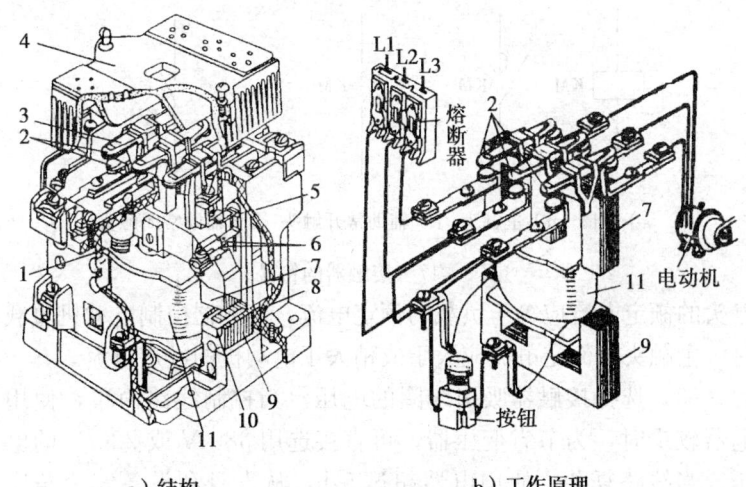

a) 结构　　　　　　　　b) 工作原理

图 3—16　交流接触器的结构和工作原理示意图
1—反作用弹簧　2—主触头　3—触头压力弹簧
4—灭弧罩　5—辅助常闭触头　6—辅助常开触头
7—动铁心　8—缓冲弹簧　9—静铁心　10—短路环　11—线圈

和 2 对常闭触头组成。

交流接触器的工作原理示意图如图 3—16b 所示。当接触器的线圈通电后，线圈中流过的电流产生磁场，使铁心产生足够大的吸力，克服反作用力弹簧的反作用力，将衔铁吸合，通过传动机构带动主触头和辅助常开触头闭合，辅助常闭触头断开。当接触器线圈断电或电压显著下降时，由于电磁吸力消失或过小，衔铁在反作用力弹簧的作用下复位，带动各触头恢复到原来状态。

交流接触器在电路图中的图形符号如图 3—17 所示。

在选用交流接触器时要注意事项如下：

(1) 选择接触器主触头的额定电压。接触器的主触头的额定电压应大于或等于控制线路的额定电压。

(2) 选择主触头的额定电流。接触器控制电阻性负载时，主

· 119 ·

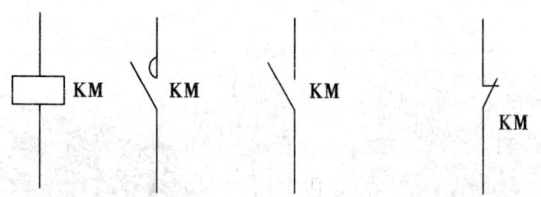

a) 线圈　b) 主触头　c) 辅助常开触头　d) 辅助常闭触头

图 3—17　接触器的符号

触头的额定电流应等于负载的额定电流。接触器控制电动机负载时，主触头的额定电流应大于或稍大于电动机的额定电流。

（3）选择接触器吸引线圈的电压。当控制线路简单，使用电器较少时，为节省变压器，可直接选用 380 V 或 220 V 的电压。当线路复杂，使用电器超过 5 h，从人身和设备安全角度考虑，吸引线圈电压要选低一些，可用 36 V 或 110 V 电压的线圈。

（4）选择接触器的触头数量、类型。它应满足线路的要求。

二、三相异步电动机启—保—停控制电路

该控制电路如图 3—18 所示。图中左侧为主电路，由电源开关 QS、熔断器 FU1、接触器 KM 主触点、热继电器 KH 的发热元件和电动机 M 构成；右侧控制线路由熔断器 FU2、热继电器 KH 常闭触点、停止按钮 SB1、启动按钮 SB2、接触器 KM 常开辅助触点和它的线圈构成。

电动机启动时，合上电源开关 QS，引入三相电源，按下按钮 SB2，接触器 KM 的线圈通电吸合，主触点 KM 闭合，电动机 M 接通电源启动运转。同时与 SB2 并联的常开触点 KM 闭合。当手松开按钮后，SB2 在自身复位弹簧的作用下恢复到原来断开的位置时，接触器 KM 的线圈仍可通过 KM 的常开触点使接触器线圈继续通电，从而保持电动机的连续运行。这种依靠接触器自身常开触点而使其线圈保持通电的现象称为自锁，起自锁作用的辅助触点称为自锁触点。

电动机停止时，只要按下停止按钮 SB1，将控制电路断开即可。这时接触器 KM 的线圈断电释放，KM 的常开主触点将三相电源切断，M 停止旋转。当手松开按钮后，SB1 的常闭触点在复位弹簧的作用下，虽又恢复到原来的常闭状态，但接触器线圈已不再能依靠自锁触点通电了，因为原来闭合的自锁触点早已随着接触器线圈的断电而断开了。

这个电路是单向自锁控制电路，它的特点是启动、保持、停止，所以称为"启—保—停"控制电路。

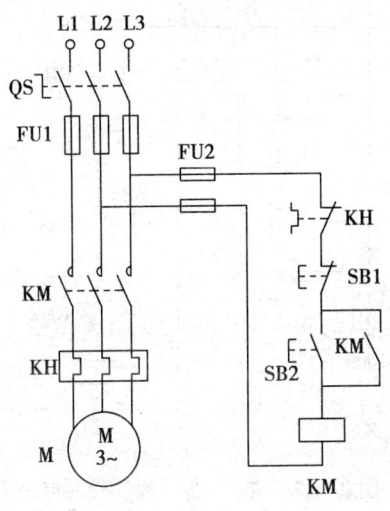

图 3—18 启—保—停控制电路

三、三相异步电动机继电器—接触器正反转控制线路

常用三相异步电动机继电器—接触器正反转控制电路如图 3—19 所示。按下正向启动按钮 SB2，KM1 线圈得电并自锁，KM1 常闭触点断开，这时按下反向按钮 SB3，KM2 也无法通电。当需要反转时，先按下停止按钮 SB1，令 KM1 断电释放，KM1 常开触点复位断开，电动机停转。再按下 SB3，KM2 线圈才能得电，电动机反转。由于电动机由正转切换成反转时，需先

停下来，再反向启动，故称该电路为"正—停—反"控制电路。利用接触器常闭触点互相制约的关系称为互锁或联锁。

这种互锁关系广泛应用在机床控制线路中。凡是有相反动作，如工作台上下、左右移动都需要有类似的这种联锁控制。

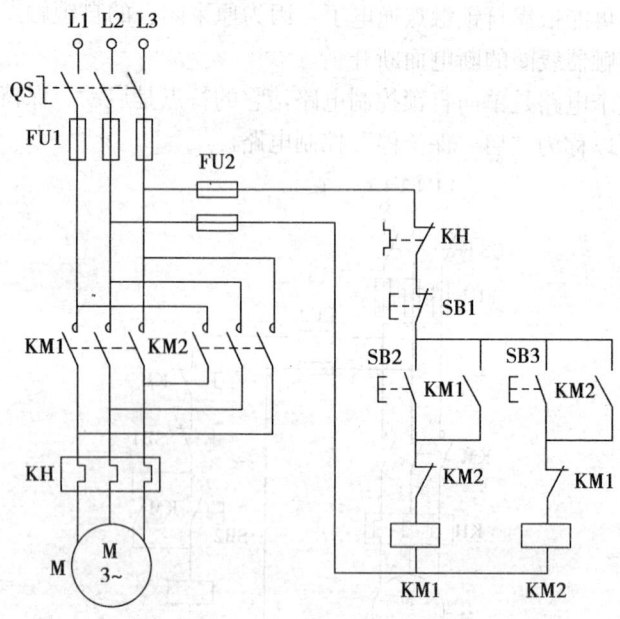

图 3—19 "正—停—反"控制电路

【训练准备】

1. 复习如图 3—19 所示的三相异步电动机继电器—接触器正反转控制线路。

2. 准备工具、仪表和器材

（1）钢丝钳、剥线钳、尖嘴钳、偏口钳、验电笔、电工刀、活扳手和万用表各 1 件，旋具 1 套，螺钉若干。

（2）教学实验板（参考尺寸为 600 mm×500 mm）1 块，单芯塑料绝缘导线若干（主电路导线为 BV500－2.5，控制电路导线为 BV500－1.5，按钮接线为 RV500－0.75 或 BV500－1.0 均可）。

（3）电工劳动保护用品 1 套

3. 准备电气元件见表 3—3。

表 3—3　　"正—停—反"控制电路电气元件

符号	名称	型号	规格	数量
M	三相笼型异步电动机	Y—112M—4	4 kW、380 V、8.8 A、1 420 r/min	1
QS	电源开关	HZ10—10/3	10 A、三极	1
FU1	螺旋式熔断器	RL1—60/20	500 V、60 A、配熔体 20 A	3
FU2	螺旋式熔断器	RL1—15/3	500 V、15 A、配熔体 3 A	2
KM1	交流接触器	CJ10—10	10 A、线圈电压 380 V	1
KH	热继电器	JR16—20/3	20 A、三相、热元件 11 A	1
SB	按钮	LA10—3H	3 联	1
XT	端子板	JX2—1015	10 A、15 节	1

【训练要领】

本项训练分电气设备安装、配线和调试 3 个作业项目和工序进行，工艺要求见表 3—4。

表 3—4　　安装工艺要求

工序	作业项目	工艺要求
1	根据电路图，选择导线及元件，并安装	正确选择导线及元件，并安装、固定元件；电气元件布置合理，摆放正确，无倒装现象；所有元件固定螺钉不缺且松紧合适，螺钉无明显破损
2	配线	（1）走线合理、美观，基本做到横平竖直，左进右出，上进下出，主控分开，集中行线 （2）接线可靠，无松动线头 （3）压线规范，无反圈、压外皮现象 （4）接线螺钉松紧合适，所有悬空螺钉必须拧紧

续表

工序	作业项目	工艺要求
3	调试	（1）调试之前用万用表自检主回路、控制回路有无短路、开路故障 （2）断开主回路熔断器，调试控制回路 （3）整定热继电器动作电流值，调试主回路

【安全警示】

1. 安装交流接触器时，应仔细查看吸引线圈电压和控制回路工作电压一致，以防线圈烧毁或无法动作。

2. 热继电器与其他元件安装在一起时，应注意将热继电器安装在其他元件的下方，以免其动作特性受到其他元件发热的影响。整定电流装置的位置一般应安装在右边，并保证在进行调整和复位时的安全和方便。

3. 按钮安装在教学实验板上时，应布置整齐，排列合理，如根据电动机启动的先后顺序，从上到下或从左到右排列。按钮安装应牢固，安装按钮的金属板或金属按钮盒必须可靠接地。

4. 线路连接完毕需先自查、互查无误后，报请指导老师同意方能通电试运转。为做到万无一失，生产实践中通常采用模拟试运行的方法查短路隐患，即先用万用表电阻挡检测各输入接线端之间的直流电阻，同时模仿各接触器动作的先后次序依次按压接触器的铁心强制闭合，观察是否有短路现象发生。

单元四　车间机电设备安装与维修

> **学习提示**
>
> 　　本单元内容包括小型起重机电路识读与故障维修、立式钻床电路识读与简单故障维修、普通车床电路识读与简单故障维修3项学习任务。结合文后的技能训练项目，重点掌握好这几种车间常用机电设备的常见故障分析与检修，学会分析方法，并能在生产实践中举一反三，灵活应用。
>
> 　　对任何一种机电设备的检修学习，总是从认识设备、了解功能、学会操作开始。因此，在学习时，可以先全面认识车间这几种常见机电设备的功能、结构和设备操控要领及安全注意事项。然后与操作这些设备的一线工人座谈，了解他们在生产实际中常遇到的问题及解决的办法。实践证明，这些宝贵经验的获得其意义远大于理论设想的故障，因为理论上电路图中每种元件损坏的可能性都存在，但若掌握了其中概率最大的易损元件的特征和表现，对今后的故障排除无疑将起到事半功倍的效果。最后总结并编制常见故障的检修工艺。

任务1 小型起重机电路识读与故障维修

任务分解

1. 熟悉小型起重机的设备构造。
2. 读懂小型起重机电路控制原理电路。
3. 了解小型起重机维护和操作基本常识。
4. 能够在教师指导下完成小型起重机的机械调整和典型故障排除。

【知识链接】

一、小型起重机设备构造

1. 设备分类和构造

常用的小型起重设备是电动葫芦。该设备主要由减速器、运行机构、卷筒装置、吊钩装置、联轴器、软缆电流引入器、限位器等组成，它集动力与制动于一体。因此，电动葫芦具有体积小、质量轻、操作简单、使用方便等特点，广泛应用于机械加工车间、仓储码头等场所。

(1) 设备分类。电动葫芦可以是固定的，也可以通过小车和桥架组成电动梁式起重机。按照起吊绳索不同可分为钢丝绳式和环链式；电动葫芦的外形如图4—1所示。根据起重速度可分为单速和双速两种；根据安装形式可分为固定式和小车式两种。

(2) 设备构造

1) 钢丝绳式电动葫芦（见图4—1）常用自带制动器的笼型锥形转子电动机，也可用另配电磁制动器的圆柱形转子电动机。减速一般用定轴式外啮合齿轮传动。输入轴与输出轴在同一轴线上。钢丝绳通常是单层缠绕在卷筒上，用导绳器使其排列整齐，起重量小时也可多层缠绕。它装有防止吊钩超出极限位置的行程

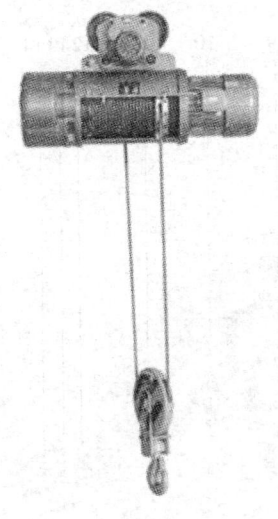 

a）钢丝绳式　　　　　　b）环链式

图 4—1　钢丝绳式和环链式电动葫芦

开关和起重量限制器。钢丝绳式电动葫芦的起重量为 0.1~80 t，起升高度为 3~30 m，起升速度为 4~12 m/min。有慢速要求时，可采用双速电动葫芦，慢速与常速之比为 1∶4~1∶2。多数电动葫芦由操作员用按钮在地面跟随操纵，也可在司机室内操纵或采用有线或无线远距离控制。地面操纵时的运行速度常为 20~30 m/min，也可有双速；在司机室操纵时的速度可达 60 m/min。

AS 型钢丝绳式电动葫芦结构如图 4—2 所示。该设备的提升机构主要由吊钩、钢丝绳、卷筒、三级减速器和制动盘等组成，电动机和电气控制器分别安装于提升机构两端。

2）环链式电动葫芦由链轮代替钢丝绳卷筒，由起重链条代替钢丝绳起重，所以体积更小、质量更轻，但工作平稳性不如钢丝绳式电动葫芦。

2. 锥形转子电动机制动原理

电动葫芦的电动机一般为锥形转子电动机，它具有较大的过

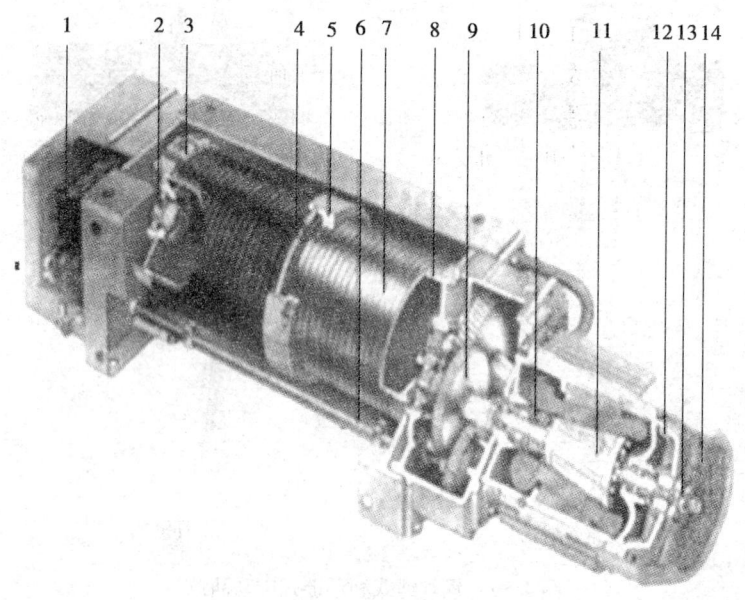

图 4—2 AS 型钢丝绳式电动葫芦结构
1—电气控制器 2—卷筒支撑轴承 3—压绳板
4—钢丝绳压紧弹簧 5—导绳器 6—限位杆 7—卷筒
8—主驱动轴 9—三级传动减速器 10—制动弹簧 11—锥形转子电动机
12—制动盘 13—制动器调节装置 14—风扇

载能力和较高的力学强度,适用于频繁启动、制动,短时过负荷及有显著振动与冲击的设备上,是用于驱动起重机械及其他类似设备的专用电动机。锥形转子受力分析如图 4—3 所示。当电动机接通电源时,电动机转子上作用一个电磁力垂直于锥形转子的表面,其轴向分力使电动机转子产生轴向移动,压缩弹簧,转子轴上的风扇制动轮随之移动,使制动轮和后端盖脱开,制动器此时也处于松闸状态,电动机就可以带动减速机构转动起来,从而使起重吊钩上下运动。当电动机断电后,由于弹簧张力作用,使风扇制动轮和后端盖刹紧,从而借助锥形制动圈的摩擦力实现制动，此时起重吊钩上即使有重物，也不会因为自重而自行下滑，保证了人身和设备的安全。另外，为了确保制动的安全可靠，在很多的电动葫芦中还另加了其他的制动装置，如载荷式自控制动器、弹簧电磁失电制动器等。

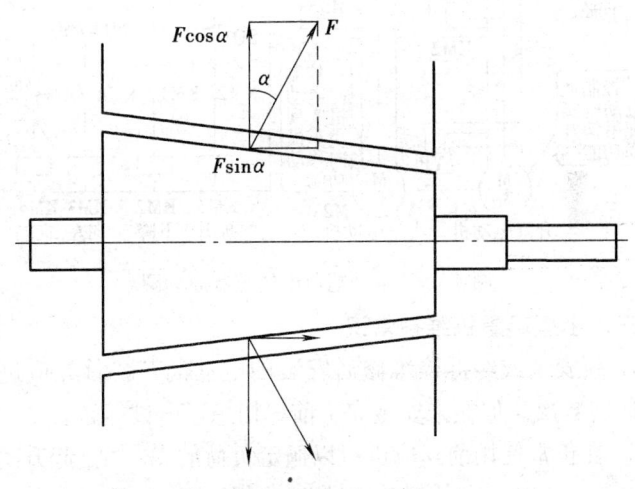

图 4—3　锥形转子受力分析

二、小型起重机电路识读

现以带有小车的电动葫芦为例说明其控制电路的工作原理，如图 4—4 所示。它有两台电动机，M1 是提升机构电动机，M2 为电动葫芦横向移动的小车电动机，M2 驱动减速箱带动导轮转动，从而实现了电动葫芦在工字梁上横向移动。

电路中 KM1、KM2 实现对升降电动机 M1 的正反转控制，KM3、KM4 实现对小车电动机 M2 的正反转控制，两电动机的正反转均采用按钮—接触器连锁。SB1、SB2、SB3、SB4 均为点动控制按钮，SQ1 为提升限位行程开关，SQ2、SQ3 为小车横向移动极限行程开关。YB 为制动电磁铁，当 KM1 或 KM2 得电时，YB 得电吸合，松开制动，吊钩可以升降；当 KM1 和 KM2 失电时，YB 失电放开，靠弹簧力将吊钩制动，吊钩不可以升降。

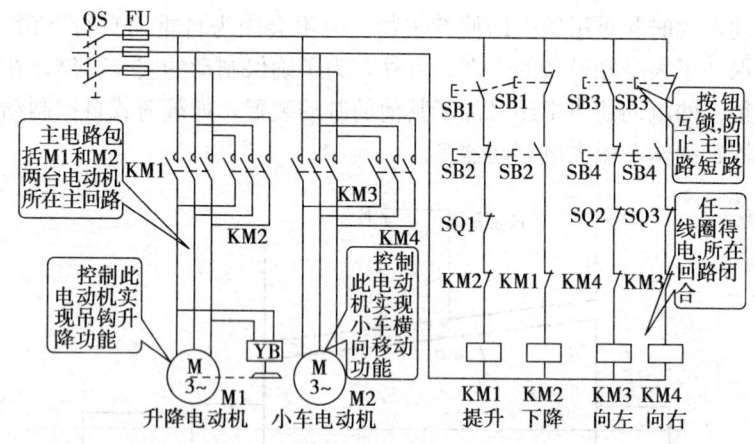

图 4—4 电动葫芦电气控制原理图

三、小型起重机维护常识

1. 新安装或经拆检维修后安装的电动葫芦,首先应进行空载试运转数次。但在未安装完毕前,切忌通电试运转。

2. 在正常使用前,应进行以额定负荷的 125%、起升离地面约 100 mm、10 min 的静负荷试验,并检查运行是否正常。

3. 动负荷试验是以额定负荷质量做反复升降与左右移动试验,试验后检查其机械传动部分、电气部分和连接部分是否正常可靠。

4. 安装调试和维护时,必须严格检查限位装置是否灵活可靠,当吊钩升至上极限位置时,吊钩外壳到卷筒外壳的距离必须大于 50 mm（10 t、16 t、20 t 必须大于 120 mm）;当吊钩降至下极限位置时,应保证卷筒上钢丝绳安全圈,有效安全圈必须在 2 圈以上。

5. 工作完毕后,必须把电源的总刀开关拉开,切断电源。

6. 在使用中,必须由专门人员定期对电动葫芦进行检查,发现故障及时采取措施,并仔细加以记录。

7. 调整电动葫芦制动下滑量时,应保证在额定载荷下的制

动下滑量 $S \leqslant d/100$（d 为负载下 1 min 内稳定起升的距离）。

8. 钢丝绳的报废标准。钢丝绳的检验和报废标准按行业标准 GB/T 5972－2006《起重机用钢丝绳检验和报废实用规范》执行。

9. 在使用电动葫芦时，必须保持电动葫芦有足够的润滑油，并保持润滑油的洁净，不应含有杂质和污垢。

10. 钢丝绳上油时，应该使用硬毛刷或木质小片，严禁直接用手给正在工作的钢丝绳上油。

11. 电动葫芦不工作时，不允许把重物悬于空中，防止其零件产生永久变形。

12. 10～20 t 葫芦在长时间连续运转后，可能出现自动断电现象，这属于电动机的过热保护功能。此时可以下降停运，过一段时间，待电动机冷却下来后即可继续工作。

13. 检查与维修按行业标准 JB/T 9008.1－2004《钢丝绳电动葫芦第一部分：型式与基本参数、技术条件》执行。

四、小型起重机安全操作规程

1. 必须对使用说明书和铭牌上内容熟记后再操作。
2. 将上、下限位的停止块调整后再起吊物体。
3. 在使用之前，应确认制动器状况是否可靠。
4. 使用前，若发现钢丝绳出现弯曲、变形、腐蚀、钢丝绳断裂程度超过规定要求、磨损量大等异常情况时，绝对不要强行操作。
5. 绝对不要起吊超过起吊钩铭牌标明的额定负载量的物件。
6. 起吊物上禁止乘人，且绝对不要将电动葫芦作为电梯的起升机构用来载人。
7. 起吊物件时，其下面不得有人。
8. 起吊物体、吊钩在摇摆状态下不得继续起吊，在停摇或检查后方可起吊。
9. 必须将葫芦移动到物体正上方才能起吊，不得斜吊。

10. 限位器不允许当做行程开关反复使用。

11. 不得起吊与地面相连的物体。

12. 运行操作中，不得过度点动操作。

【训练准备】

根据生产现场或实训条件准备典型电动葫芦1台，机修工具及电工工具各1套，工作服及安全保护用品各1套。

【训练要领】

1. 在技师指导下完成对电动葫芦制动装置的检查和调整

由于不同实训场所的电动葫芦型号不同，结构会有所区别，故这里不给出具体型号。但可以参考图4—2所示结构说明完成下面的检查和调整。

电动葫芦的机械调整主要是对制动装置的调整，制动器是保证电动葫芦安全、可靠、正常工作的重要部件。由于在制动过程电磁铁冲击力大，会引起机构振动，在长期反复碰撞后，可能导致制动机构磨损或松动，以至于制动失效，所以需要定期对制动机构进行。

（1）调整电动机轴向移动量。在使用中，轴向移动量将随着制动环的磨损而逐渐加大，如发现制动后重物下滑量较大，则要检查、调整制动器。电动机在使用中，如发现制动环磨损使制动力矩过小时，应调整风扇制动轮的相对位置，调整步骤如下：先将锁紧螺母与风扇制动轮之间的螺钉拆下，旋紧锁紧螺母位置，最后将螺钉拧紧，一般调整3次后就要更换制动环，以保证制动安全。

（2）调整电磁盘式或钳式制动器的制动力矩。调整方法是调整制动调节螺钉以改变动片与静片之间的距离，但距离不可太大，距离太大则重物在悬空状态中制动行程过大或重物下滑；距离太小则在提升重物时制动器不能完全松开，而会发出"嗡嗡"的响声，导致电磁铁过载而引起线圈过热。

2. 在教师指导下完成提升高度限位器的检查和调整

提升高度限位器主要用来防止操作过程中失误或由于故障引起吊钩提升过位，可能造成起吊钢丝拉断、钢丝绳固定端板开裂脱落或挤碎滑轮等重大事故。限位器有压绳式限位器、螺杆式限位器和重锤式限位器等多种，在调整时，当吊钩提升到极限位置后，关闭电源，调节行程开关位置或调节螺栓能碰压限位开关，使限位开关动作。

3. 假如电动葫芦不能提升重物，试按以下检查和检修流程完成故障分析、查找和排除的训练

（1）查电源。检查电源熔丝是否烧断，如果断一相，则电动机单相启动，启动转矩为零，但起重配件电动机能转动，应更换足够的熔丝。若电网电压过低，启动转矩与电压平方成正比，加速转矩克服不了负载力矩，达不到运行转速，应适当提高电网电压。

（2）查负载。检查是否负载过大或传动机械有故障。一般电动葫芦匹配电动机功率是合理的，起吊重物不能过载。倘若出现电动葫芦不能转动，先卸掉载荷，如电动机能正常启动，说明减速箱等传动机构有故障，应检查驱动机构，清除故障。

（3）查控制电器。交流接触器触头接触不良造成线路不能接通，应用砂纸将接触器的触头斑痕修平，同时也要检查铁心吸合及断开情况，有无卡滞现象，必要时更换接触器。

（4）查电动机。定子绕组相间短路、接地或断路，根据相应情况检修。

【安全警示】

1. 每次检修时，必须对制动进行检查和确认。如发现制动机构磨损或制动弹簧弹力不足，应及时进行相应的调整或更换零件，并做好记录。

2. 检修或安装完毕投入使用前，应用 500 V 绝缘电阻表检查电动机和控制箱的绝缘电阻，必须符合设计要求方可使用。

任务2　立式钻床电路识读与简单故障排除

👉 任务分解

1. 了解 Z535 型钻床基本结构和基本动作要求。
2. 能够识读 Z535 型钻床电气控制电路图。
3. 能够在电工技师的指导下完成主要电气的装配和简单故障排除。

【知识链接】

钻床是一种孔加工机床，主要用于外孔、扩孔、铰孔、锪孔、攻螺纹等加工工序。钻床按用途和结构可分为立式钻床、台式钻床、摇臂钻床等，如图 4—5 所示。Z535 型钻床属于立式钻床系列，最大钻孔直径 $\phi 35$ mm。

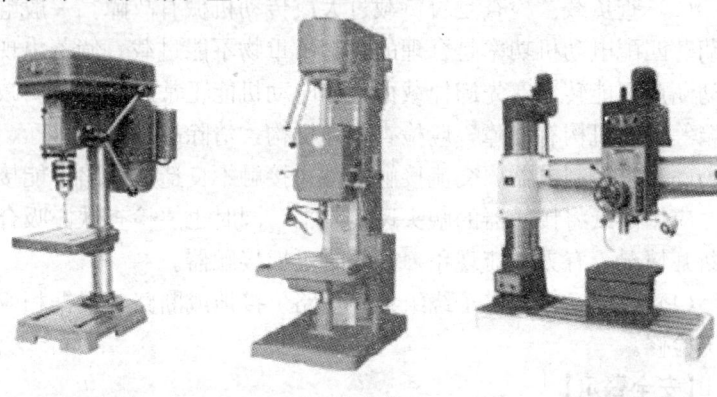

a）台式钻床　　　b）立式钻床　　　c）摇臂钻床

图 4—5　几种典型的钻床

一、Z535 型钻床基本结构

Z535 型立式钻床是钻床中应用较广的一种，其特点是主轴轴线垂直布置，且主轴轴线位置固定，需调整工件位置，使被加工孔中心线对准刀具的旋转中心线,其外形照片如图4—6所示,Z535型立式钻床的主要参数见表4—1。其运动形式主要有主运动、进给运动和辅助运动。

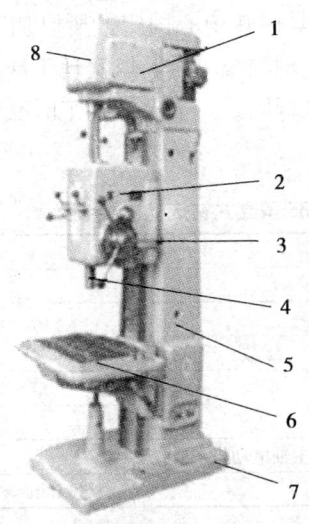

图4—6　Z535型立式钻床的外形和结构
1—主轴变速箱　2—进给箱　3—进给手柄　4—主轴
5—立柱　6—工作台　7—底座　8—电动机

1. 主运动

主轴的旋转运动为主运动,由装在主轴箱顶部的主轴电动机M1带动主轴旋转,从而使安装在主轴上的刀具旋转。根据钻床可以加工螺纹的要求,所以主轴要能正反转控制。根据加工的速度要求,Z535型的主轴转速有9级,范围在68~1 100 r/min。由主轴箱完成变速调整,主轴电动机无变速控制要求。

2. 进给运动

进给运动是主轴沿主轴的轴线方向的上下运动。在Z535型立式钻床传动系统中,设计了进给变速机构,能将主轴电动机的机械动力通过进给变速箱变速,带动主轴及进给箱轴向沿方柱导轨移动,实现自动进给运动。

3. 辅助运动

辅助运动有工作台升降调整和进给箱沿方立柱导轨上、下位置调整。

由于 Z535 型的刀具回转中心固定，所以加工时需要靠移动工件使加工孔轴线与主轴轴线重合，以实现工件的定位。对于小型工件还需要用台钳进行固定，以保证加工时操作的安全和加工的精度。

表 4—1　　　　　　Z535 型立式钻床的主要参数

最大钻孔直径		35 mm
主轴端面至底面距离		1 130 mm
主轴中心线至立柱表面距离		300 mm
主轴转速	级数	9
	范围	68～1 100 r/min
主轴行程		225 mm
电动机功率	主轴电动机	4 kW
外形尺寸（长×宽×高）		1 268 mm×842 mm×2 560 mm

二、Z535 型立式钻床电气控制原理

1. 电气系统组成

Z535 型立式钻床电气控制电路如图 4—7 所示。其电气系统主要由以下几个部分组成：

（1）主轴电动机 M1 安装在主轴箱的顶部，驱动主轴旋转及进给运动。

（2）冷却泵电动机 M2 安装在立柱内底部。

（3）配电板装在机床右侧壁龛内。在配电板上安装有电动机保护开关 QM1、QM2，交流接触器 KM1、KM2、KM3，控制变压器 TC1 及熔断器 FU1、FU2、FU3。

（4）壁龛门安全机械连锁电源开关装在壁龛门盖上。

（5）手动开关。机床主轴的正转、反转及停止均由装在机床左侧的手动操作手柄控制。旋钮开关 SA1 安装在机床右侧配电

箱门盖上，控制冷却泵电动机的工作与停止。

（6）照明及电源指示灯。照明灯安装在立柱左上侧，用于工作时的照明。

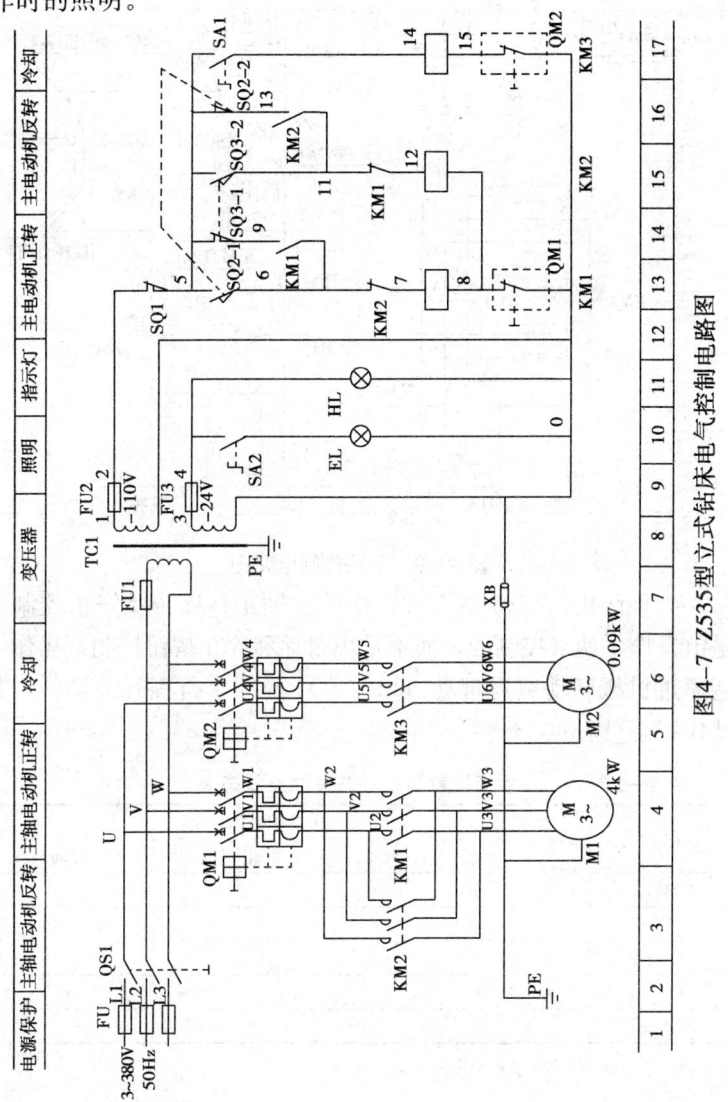

图4-7 Z535型立式钻床电气控制电路图

2. 工作原理

主轴 M1 的控制电路如图 4—8 所示。

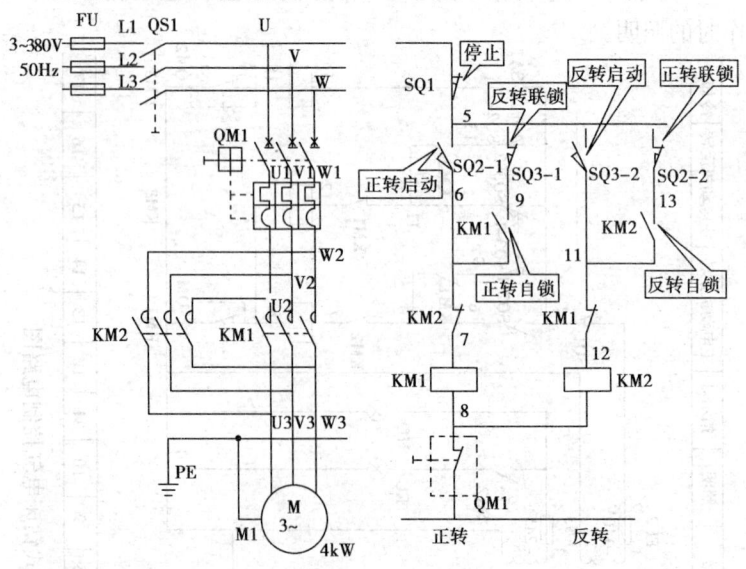

图 4—8 主轴控制电路图

（1）钻孔。Z535 型立式钻床的主轴正、反转及停止控制都是由操作手柄来控制的，而不是用启动和停止按钮控制，操作手柄通过机械联动装置带动 SQ1～SQ3 的 3 个行程开关动作，其动作状态见表 4—2。

表 4—2　　　　手柄位置与行程开关触点状态表

行程开关	手柄位置		
	正转	停止	反转
SQ1	＋	－	＋
SQ2－1	＋	－	－
SQ2－2	－	＋	＋
SQ3－1	－	＋	＋
SQ3－2	＋	＋	－

注：＋表示闭合；－表示断开。

接通机床电源开关 QS1，将操纵手柄置于"正转"位置，由表 4—2 可知，此时 SQ1 闭合，SQ2－1 闭合，接触器 KM1 线圈得电，KM1 主触点闭合使 M1 得电正转；同时 KM1 辅助常开触点闭合自锁，防止机床加工过程中产生振动，导致操作手柄按压行程开关触点 SQ2－1 时通时断，使机床产生故障；KM1 的辅助常闭触点断开切断 KM2 线圈回路，达到正反转之间的联锁的作用。电路的通电回路如图 4—9 所示。

当将操纵手柄置于"反转"位置，KM2 得电，M1 反转，同时对 KM1 产生联锁。

（2）停止。将操纵手柄置于"停止"位置时，操纵手柄压下 SQ1，使其触点断开，KM1、KM2 的线圈电路被切断，主轴电动机停止，同时冷却泵电动机也停止。

（3）冷却泵控制。将 SA1 置于冷却位置，接触器 KM3 得电，接通冷却泵电动机 M2，若将 SA1 旋置停止位置，KM3 断电，电动机 M2 停止。

3. 电气保护

Z535 型立式钻床除了正常的短路保护外，还设置了以下保护。

（1）电动机 M1、M2 的专用保护开关。QM1、QM2 分别对 M1、M2 实现过载保护，当 M1 或 M2 发生过载时，QM1 或 QM2 动作自动切断 M1 或 M2 的电源，同时其接在控制线路中的常闭触点也切断 KM1 或 KM2 的线圈控制回路。

（2）M1 的正反转行程开关－接触器联锁保护。由 SQ2、SQ3 及 KM1、KM2 的常闭触点实现对 M1 正反转的联锁控制，以防止短路事故。

（3）配电箱门锁开关机械联锁。Z535 型立式钻床采用 DJ4 型电源开关，与 HZ10－10/4 组合开关配套使用，控制机床电源的闭合、断开，并能起到对配电箱门锁的联锁作用。联锁装置由手柄、拨块装置及旋柄等组成。配电箱门关上后，当手柄

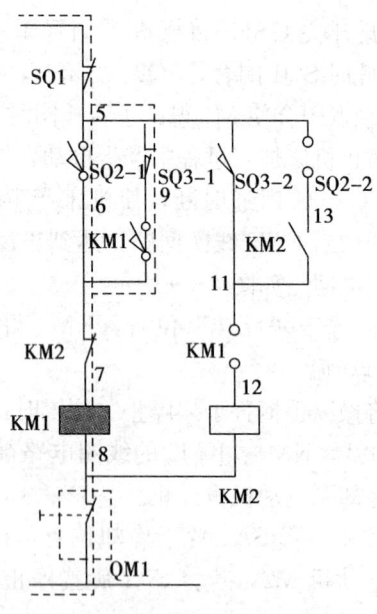

图 4—9 主轴正转控制电路

按逆时针转动,带动旋柄同步转动 70°时,将电源开关闭合;当手柄按顺时针旋转 70°时,开关旋转柄同步旋转,将电源开关断开。为了便于带电维修,联锁装置也设有解锁机构,可用解锁钥匙逆时针旋转解锁,这样即使打开配电箱门,也不会切断总电源。

【训练准备】

立式钻床 1 台或立式钻床检修实训台 1 组,机床修理常规工具、仪表及安全防护用品各 1 套,辅助材料若干。

【训练要领】

1. Z535 型立式钻床的电气装配训练

(1) 在电工技师的指导下,完成 Z535 型立式钻床电气系统的拆解,记录各电气元件的初始安装位置和接线方法。

(2) 根据 Z535 型立式钻床的功能要求和电气控制原理编制

电气装配步骤和工艺要求。

（3）在 Z535 型立式钻床上完成所有电气的安装和接线，并调试合格。

2. Z535 型立式钻床的调整训练

在电工技师的指导下，完成行程开关位置调整和电源机械联锁调整训练。

（1）电气调整。电气方面，对 Z535 型立式钻床的机械调整主要是对 SQ1、SQ2、SQ3 的 3 个行程开关的位置进行调整。

1）调整 SQ1。断开总电源，调整 SQ1 位置，使操作手柄置于"正转"或"反转"位置时，用万用表欧姆挡检测 SQ1 接通，操作手柄置于"停止"时，SQ1 可靠断开，然后拧紧固定螺钉。

2）调整 SQ2。将操作手柄置于"正转"位置，调整其位置，用万用表欧姆挡测量 SQ2－1 应闭合，SQ2－2 应当断开；当手柄置于"反转"位置，SQ2－1 应断开，SQ2－2 应当闭合。反复调整其位置，直至触点可靠动作，拧紧固定螺钉。

3）调整 SQ3 的位置与调整 SQ2 位置的方法相似。调整好后，拧紧固定螺钉。

（2）电源联锁。对电源机械联锁开关位置的调整，参照本节电气保护中所述对配电箱门的保护要求，进行其位置的调整，确保正常开门时，开关可靠断开；关上门后，开关能可靠闭合。

3. Z535 型立式钻床的常见故障排除训练

在看懂机械动作原理和电气控制原理的图样基础上，先熟悉 Z535 型立式钻床的常见故障及维修方法，见表 4—3。然后由电工技师人为设置两三处故障让学生练习，并将排障过程做好详细记录。

表 4—3　　Z535 型立式钻床的常见故障及维修方法

序号	故障现象	故障原因	维修方法
1	主轴冷却泵都不能启动	(1) 总电源没接通 (2) 熔断器熔体熔断 (3) SQ1 触点开路	(1)接通电源开关 QS，检查三相电源 (2)检查更换 FU、FU1、FU2 (3)调整或更换
2	主轴电动机正反转都不能启动，冷却泵能启动	电动机 M1 保护开关 QM1 断开或出故障	检查故障原因合上开关或更换
3	主轴能正转，但不能反转	(1)行程开关 SQ3 的常开触点不能闭合 (2)KM2 接触器故障 (3)KM2 接触器线圈回路开路	(1)调整 SQ3 位置或更换 (2)检修或更换 KM2 (3)检查线路接好
4	主轴能反转，但不能正转	(1) 行程开关 SQ2 的常开触点不能闭合 (2) KM1 接触器故障 (3) KM1 接触器线圈回路开路	(1)调整 SQ2 位置或更换 (2)检修或更换 KM1 (3)检查线路接好
5	主轴电动机启动时发出"嗡嗡"声	(1) FU 断一相 (2) QM1 一相接触不良或断线 (3) KM1 或 KM2 主触点一相接触不良或烧坏 (4) 电动机内部断线	(1)修复或更换熔体 (2)修复或更换 (3)修复或更换触点 (4)检修接好内部断线
6	冷却泵电动机不转	(1) 保护开关 QM2 动作 (2) 转换开关 SA2 故障 (3) 冷却泵电动机损坏	(1)查明原因，排除后合上 QM2 (2)检修或更换 (3)检修或更换

【安全警示】

1. 机械和电气调整训练必须有专人现场监护，并且调整完毕后，必须由电工技师复查复位方能投入使用。

2. 故障设置应以不会造成意外事故和设备损坏为前提。

任务3　普通车床电路识读与简单故障维修

☞ 任务分解

1. 了解 CA6140 型普通车床基本结构和基本动作要求。

2. 能够识读 CA6140 型普通车床电气控制电路图。

3. 能够在电工技师的指导下完成主要电气的装配和简单故障排除。

【知识链接】

车床是一种常用的机械加工机床，适用于车削内外圆柱面、端面、圆锥面及其他旋转面，车削螺纹，并能进行钻孔和拉油槽等加工工作。

1. 主要部件

CA6140 型属于卧式车床系列，主机由床身、主轴变速箱、挂轮箱、进给箱、溜板箱、刀架、尾架、光杠、丝杠等部分组成。其结构示意图如图 4—10 所示。

2. 机床运动及电气控制的实现

（1）车削加工的主运动是主轴通过卡盘或顶尖带动工件的旋转运动，它承受车削加工时的主要切削功率。进给运动是溜板带动刀架的纵向或横向直线运动，由于车床在加工螺纹时，要求保证工件的旋转速度与刀具的移动速度之间具有严格的比例关系，所以车床的溜板箱与主轴箱之间通过齿轮来连接，即主运动和进给运动是由一台主驱动电动机来实现。主轴的旋转速度是通过变换挂轮箱中齿轮的变速比来实现，因此对主驱动电动机无调速的控制要求。

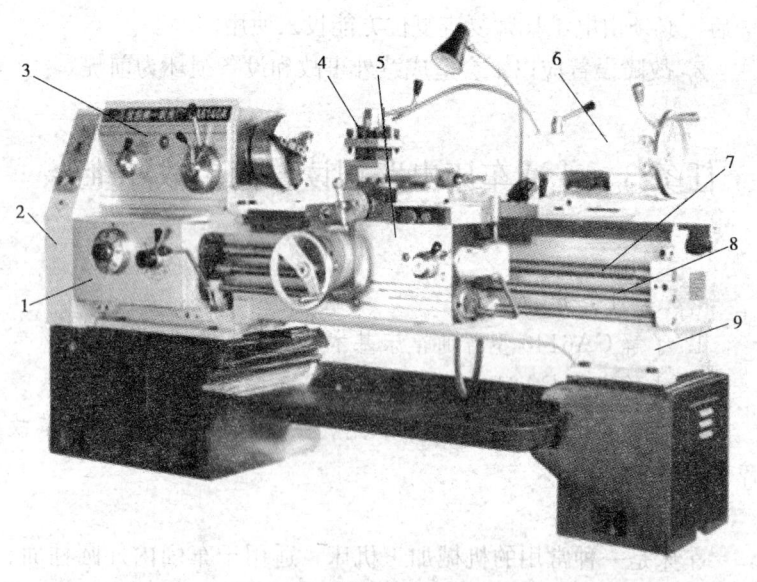

图 4—10 普通车床结构示意图
1—进给箱 2—挂轮箱 3—主轴变速箱 4—溜板与刀架
5—溜板箱 6—尾架 7—丝杠 8—光杠 9—床身

(2) 车削加工时,一般不要求反转,但由于加工螺纹时,为避免乱牙,要反转退刀。对于小型车床主轴正反转由主驱动电动机正反转控制,但当主驱动电动机容量较大时,一般采用电磁摩擦离合器的机械方法实现主轴的正反转切换。CA6140 型车床由于主驱动电动机的容量为 7.5 kW,容量较大,所以采用了机械切换方法来实现正反转。

(3) 车床还有辅助运动,如刀架的快进和快退、尾架的移动与工件的夹紧与放松,对于中小型车床多由手动方式来实现。刀架的快速移动是使刀具机动地快速退离或接近加工部位,以减轻工人的劳动强度和缩短辅助时间,对于 CA6140 型车床,其刀架的快进和快退由一台电动机驱动溜板箱来实现,此电动机的功率为 250 W 左右;由于快速移动时间较短,所以采用点动控制。刀架移动方向（前、后、左、右）的改变，是由进给操作手柄配合机械装置来实现的；而快速移动电动机只需实现一个方向的旋转控制。

（4）车削加工时，刀具与工件温度较高，需用切削液对其冷却，故采用一台冷却泵电动机驱动冷却泵输送冷却液。在CA6140型车床中，此电动机的功率为 90 W。

三、CA6140型车床电气控制原理图解说明

CA6140型普通车床电气控制电路如图4—11所示。M1为主驱动电动机，驱动主轴旋转及通过进给机构实现车床的自动进给运动；M2为冷却泵电动机，驱动冷却泵输送冷却液；M3为溜板快速移动电动机，实现溜板快速移动。

1. CA6140型普通车床的工作原理

（1）主驱动电动机的启动与停止

1）启动

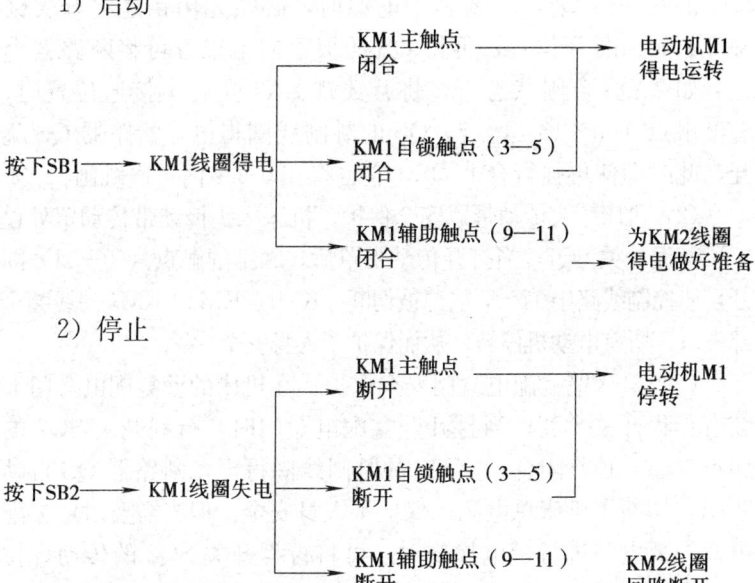

(2) 冷却泵电动机的控制

1) 启动。要启动冷却泵电动机，前提条件是主驱动电动机旋转起来，即 KM1 的辅助触点（9—11）闭合，此时扳动旋钮开关 SA1 至接通位置，KM2 线圈得电，KM2 主触点闭合，电动机 M2 得电工作。

2) 停止。扳动旋钮开关 SA1 至断开位置或按下 SB2 停止按钮，都可让 M2 停止。如果通过按下 SB2 使 M2 停止工作后，没有将 SA1 断开，下一次按下 SB1 启动 M1 时，M2 也将同时被接通。

(3) 快速移动电动机的点动控制。按下 SB3 使 KM3 线圈得电，M3 得电启动；松开 SB3 使 KM3 线圈失电，M3 停止。

2. CA6140 型普通车床电路的保护环节

(1) 断路器 QS 合闸保护。机床的电源总开关是带有开关锁 SA2 的断路器 QS，当要合上电源时，必须先用钥匙将开关锁 SA2 右旋至断开位置，再将 QS 的扳手向上推方可将断路器合上。如在 QS 合闸状态下，将开关锁 SA2 左旋至接通位置时，SA2 触点（03—13）闭合，QS 的跳闸线圈得电，断路器 QS 跳开，此时即使再强行合上 QS，它也将在 0.1 s 内再次跳闸。

(2) 机床床头传动带罩安全保护。机床床头传动带传动罩处设置了行程开关 SQ1，当打开传动带罩后，SQ1 的触点（03—11）断开，使控制线路中 110 V 电源被切断，KM1、KM2、KM3 的线圈全部失电，所有电动机停转，从而保护了人身安全。

(3) 机床壁龛配电盒门安全保护。在机床的壁龛配电盒门上装有行程开关 SQ2，当打开壁龛配电盒门时，行程开关 SQ2 的触点（03—13）闭合，使 QS 的跳闸线圈得电，断路器 QS 自动跳闸，切断了机床总电源，保证了人身安全。但当需要对壁龛配电盒内部电路进行带电检修时，可将行程开关 SQ2 的传动杆拉出，使行程开关 SQ2 的触点（03—13）断开，QS 的跳闸线圈将不能得电，QS 开关就可合上了。检修完毕后，再将壁龛配电盒门合上，SQ2 的传动杆自动复位，保护作用又将自动生效。

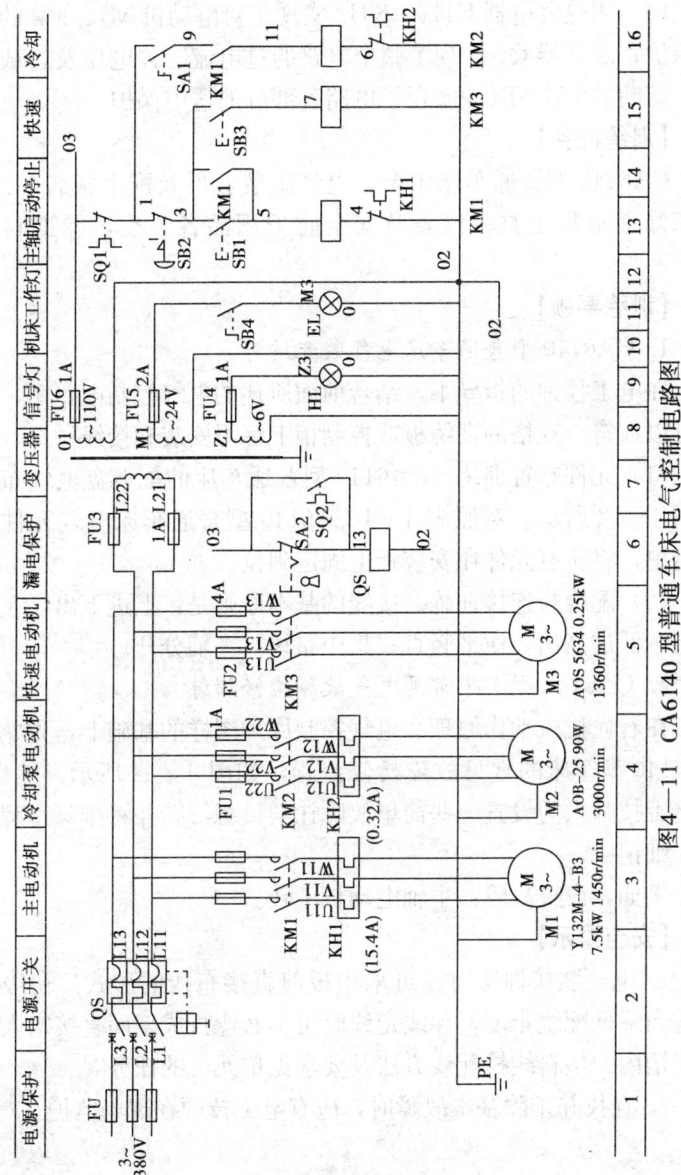

图4—11 CA6140型普通车床电气控制电路图

(4) 用热继电器 KH1、KH2 实现了对电动机 M1、M2 的过载保护；断路器 QS 实现了整个电路的过电流、欠电压及过载保护；熔断器 FU～FU6 实现了电路各部分的适中保护。

【训练准备】

CA6140 型普通车床 1 台，电气组装套件及配电板各 1 组，机床修理常规工具、仪表及安全防护用品各 1 套，辅助材料若干。

【训练要领】

1. CA6140 型普通车床电气装配练习

在电工技师的指导下，结合前面所述的电气控制电路图，读者可以在符合规格的训练板或控制柜上练习安装和接线。

（1）元件布置训练。CA6140 型普通车床的配电盘电气布置如图 4—12 所示。对照表 4—4 CA6140 型普通车床电气元件材料清单，将所有元件在安装板上固定到位。

（2）配线与连接训练。接线的基本原则是：上进下出，左进右出，低进高出，横平竖直；集中布线，主辅分开。

2. CA6140 型车床常见电气故障检修训练

在看懂机械动作原理和电气控制原理图样的基础上，先熟悉 CA6140 型车床的常见故障检修流程，如图 4—13 所示。然后，由电工技师人为设置一些简单故障让学员练习，并将排障过程做好详细记录。

例如，设置故障：主轴电动机不转。

【安全警示】

1. 电气装接训练时，可采用板前直接布线的形式。初级工可适当降低配线难度，导线走线时可不必弯折成型而直接塞入塑料线槽内。塑料线槽配线方法及要求见单元二的任务 3。

2. 查找并排除基本故障时，应有电工技师在现场监护。

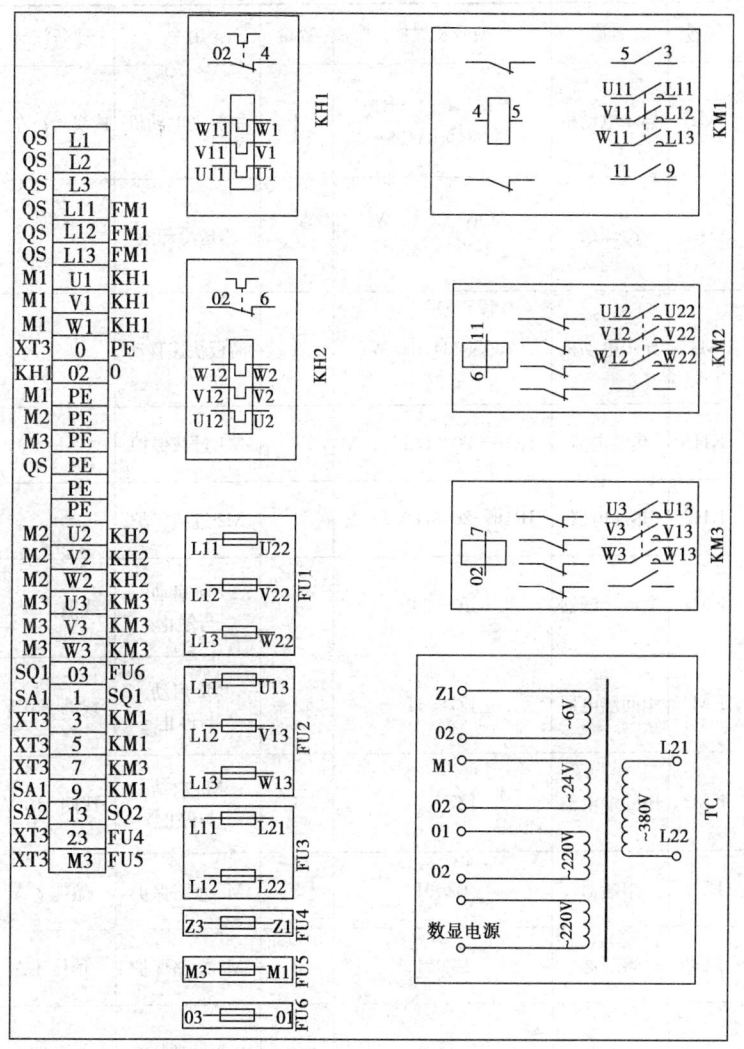

图 4—12 CA6140 型车床的配电盘电气布置

表 4—4　　CA6140型普通车床电气元件材料清单

符号	名称	型号及规格	数量	用途	备注
M1	异步电动机	Y132M—4—B3 7.5 kW	1	主驱动电动机	接线盒在左方
M2	冷却泵	AOB—25 90 W 3 000 r/min	1	输送冷却液	
M3	异步电动机	AOS5634 250 W	1	溜板快速移动	
KH1	热继电器	JR16—20/3D 15.4 A	1	M1过载保护	
KH2	热继电器	JR16—20/3D 0.32 A	1	M2过载保护	
KM1	交流接触器	CJ0—20B	1	M1启动与停止	线圈110 V
KM2	中间继电器	JZ7—44	1	M2启动与停止	线圈110 V
KM3	中间继电器	JZ7—44	1	M3启动与停止	线圈110 V
FU1	熔断器	BZ001	3	M2短路保护	熔体1 A
FU2	熔断器	BZ001	3	M3短路保护	熔体4 A
FU3	熔断器	BZ001	2	控制变压器一次侧短路保护	熔体1 A

续表

符号	名称	型号及规格	数量	用途	备注
FU4	熔断器	BZ001	1	信号灯线路短路保护	熔体1 A
FU5	熔断器	BZ001	1	照明线路短路保护	熔体2 A
FU6	熔断器	BZ001	1	110 V控制线路短路保护	熔体1 A
SB1	按钮	LAY3—10/3.11	1	启动 M1	
SB2	按钮	LAY3—01ZS/1	1	停止 M1	带自锁
SB3	按钮	LA9	1	启动 M3	
SA1	旋钮开关	LAY3—10X/2	1	控制 M2	
SQ1	行程开关	JWM6—11	1	床头带传动罩安全保护	
SQ2	行程开关	JWM6—11	1	壁龛配电盒门安全保护	
HL	信号灯	ZSD—0 6 V	1	刻度照明	无灯罩
QF	断路器	AM1—30 20 A	1	电源总开关	
TC	控制变压器	JBK2—100 380 V/110 V/24 V/6 V	1	控制线路及照明电源	110 V—50 VA 24V—45 VA
EL	机床照明灯	JC11	1	工作照明	带24 V—40 W灯
SA2	旋钮开关	LAY3—01Y/2	1	电源开关锁	带钥匙

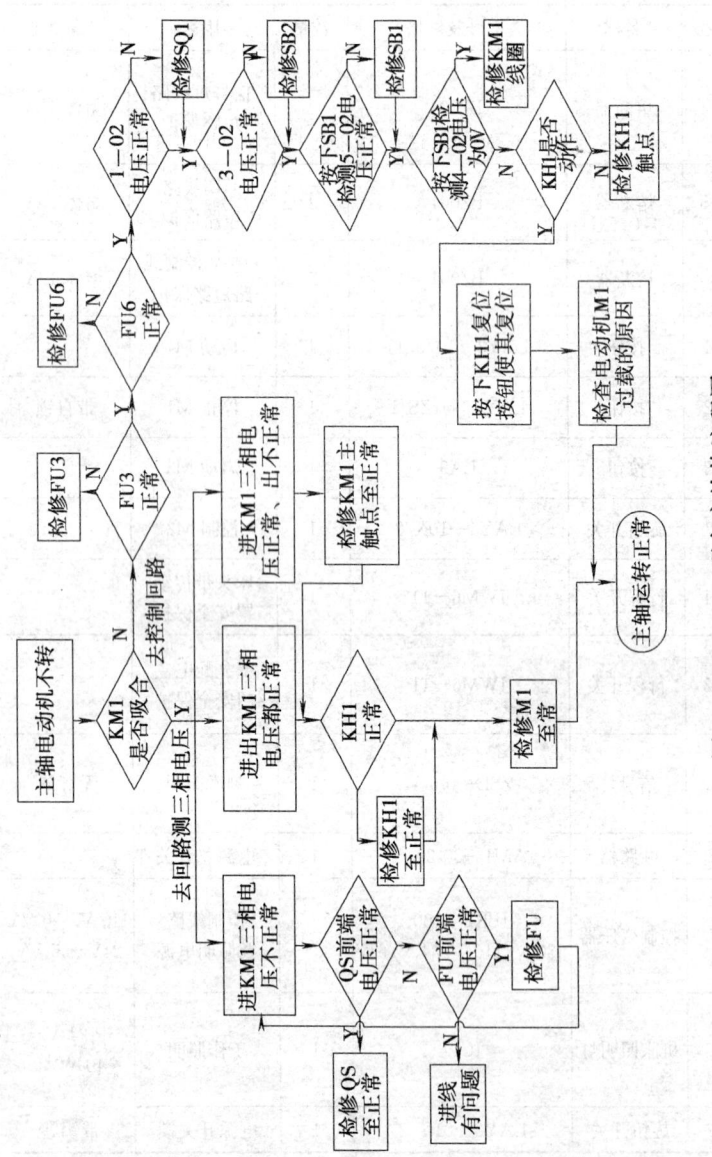

图4—13 CA6140型车床检修流程图

*单元五　农村电气设备安装与维修

> **学习提示**
>
> 　　本单元内容为选学内容,包括农田排灌设备安装和电路检修,自动喷灌设备安装和电路检修,农村蔬菜、花卉大棚电气控制线路安装与检修,稻谷加工机械设备电气维修4项学习任务。结合文后的技能训练项目,重点掌握好这些涉农村机电设备及线路的安装与检修工作。
>
> 　　随着各地对国家"三农政策"的进一步落实和农网改造的全面推进,农村维修电工必将迎来一个农业机械化、农村电气化的大世界、大市场;农机、农网的建设、运行和维护也对农村维修电工提出了新的挑战。学员可以本文的学习为切入点,举一反三,进而继续深入学习单相电动机、化学电池等原动力设备在各种农业耕作机械、农副产品加工机械、农田水利设施等环境下的广泛应用。

任务1　农田排灌设备安装和电路检修

　任务分解

1. 了解农田排灌的意义和排灌系统组成。

---

*　为选学内容。

2. 掌握农田排灌机械的工作原理，并能正确安装和维护。
3. 能够完成农田排灌系统的电源接线。
4. 能够顺利解决水泵提水不良等的常见故障。

【知识链接】
一、农田排灌机械概述

发展农田排灌机械是发展社会主义现代化农业的重要措施之一，对改变农业生产的自然条件，抵御自然灾害，确保农作物的高产、稳产具有十分重要的作用。

农田排灌机械包括提水排灌和虹吸灌溉机组。由农用动力机械或利用自然能源驱动水泵，从河、湖、库、塘、井中提水灌溉农田，或从农田、沟、渠、塘堰中提水排除积水，特别是排涝。动力机和水泵可组成移动式机组且安装在船舶、汽车或拖车上，也可用人力转移。通常这些机组多设置在泵房内，配以进、出水管道和阀门等其他设施，建成排灌站或抽水站。

排灌机械中的主要设备是水泵，它能把动力机的机械能转变为所抽送水的水力能，可以把水输送到高处或远处。

二、农田排灌机组成

农田排灌用的水泵机组包括水泵、动力机、输水管路及管路附件等，如图 5—1 所示。

目前，农田排灌中广泛使用离心泵、混流泵和轴流泵。在北方地区还广泛采用井泵、潜水泵等抽地下水来灌溉；而在南方的丘陵山区，水力资源丰富，有时则利用水轮泵来提水灌溉。

离心泵的结构主要由泵体、泵盖、叶轮、泵轴、轴承、支架及填料等部件组成。叶轮是水泵重要的工作部件，其作用是将动力机的机械能传递给水体，使被抽送的水具有一定的流量和扬程。因此，叶轮的形状、尺寸、材料和加工工艺对水泵性都能有决定性的影响。

离心泵通常和电动机组合成一个整体，有时也称水泵机组，如图 5—2 所示。

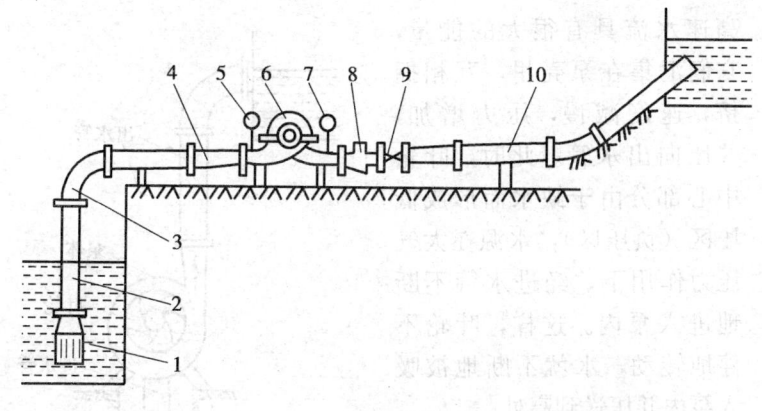

图 5—1 水泵机组
1—底阀 2—吸水管 3—弯管 4—变径接管 5—真空表 6—水泵
7—压力表 8—逆止阀 9—闸阀 10—出水管

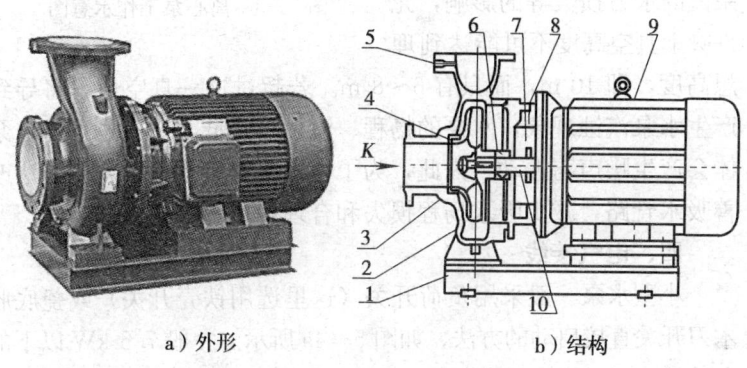

a) 外形　　　　　　　b) 结构

图 5—2 水泵机组的外形及结构
1—底座 2—放水孔 3—泵体 4—叶轮 5—取压孔 6—机械密封
7—挡水圈 8—端盖 9—电动机 10—轴

三、农田排灌机械工作原理

离心泵的工作原理分析如下。离心泵是借离心力的作用来抽水的，如图 5—3 所示。当水泵叶轮在泵壳内高速旋转时，在离心力的驱使下，叶轮里的水以高速甩离叶轮，射向四周。射出的高速水流具有很大的能量，它们汇集在泵壳里，互相拥挤，速度减慢，压力增加，并压向出水管。此时，叶轮中心部分由于缺水而形成低压区（负压区），水源在大气压力作用下，经进水管不断地进入泵内。这样，叶轮不停地转动，水就不断地被吸入泵内并压送到高处。

一般离心泵由于制造工艺、吸水管路内的水流阻力及泵内的水力损失等的影响，允许吸上真空高度不可能达到理

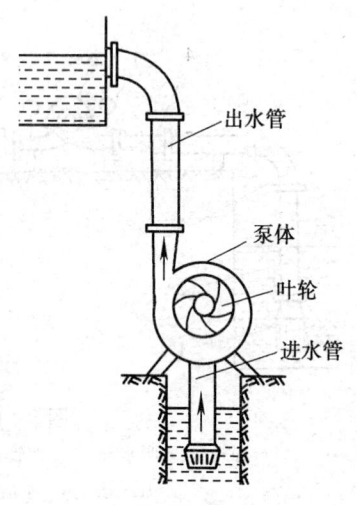

图 5—3　离心泵工作示意图

想高度，即 10 m，而只有 6～8 m。若超过这一真空值，将导致产生水泵汽蚀现象，水泵的扬程、流量将降低，效率也下降，泵体会产生噪声与振动。因此，为了使水泵安全运行，就要设法改善吸水管路，减少吸水扬程损失和合理确定水泵的安装高度。

四、电气接线

小型水泵一般采用负荷开关（这里选用铁壳开关）或瓷底胶木刀开关直接启动的方法，如图 5—4a 所示。一般 7.5 kW 以下的电动机，可以直接通过负荷开关的开、合实现启动和全压运行。

大中型水泵则多采用变频器控制，主电路工作原理电路如图 5—4c 所示。该系统共有 3 台水泵电动机，当变频器能够正常工作时，380 V 交流电源经闭合的电源开关 QA、交流接触器 KM0 常开触头送入变频器，变压、变频后分别经过闭合的 KM1、KM3 和 KM5 给电动机供电。当变频系统发生故障或需全压投入时，KM0 断开，变频器从电路中被隔离开，380 V 交流电源经闭合的电源开关 QA 及各自回路的 KM2、KM4、KM6 和热继

电器 KH1、KH2、KH3 给 3 台水泵电动机供电。

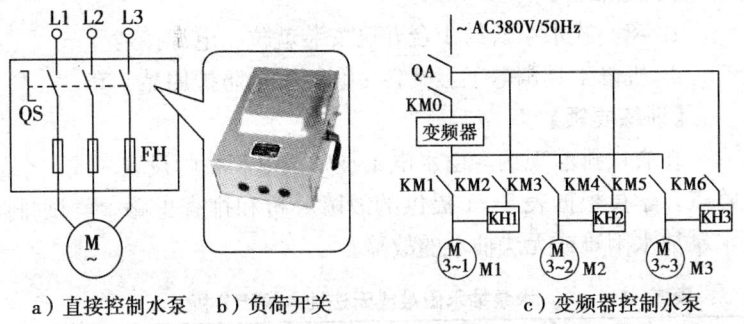

a）直接控制水泵　　b）负荷开关　　　　　　c）变频器控制水泵

图 5—4　水泵电动机控制电路图

五、水泵正确使用

农田排灌水泵在安装和使用过程中，应注意以下几个方面：

1. 水泵应安装在尽可能靠近水源的地方，注意土质的好坏，四周要宽敞，便于操作和维护。管路的铺设应短而直，尽量少用弯头，以减少管路损失扬程和工程费用。对进水管要求具有良好的密封性能，不能漏水、漏气。

2. 如果水泵与动力机直接连接，要有共同底座，水泵须安装水平，泵轴与动力机轴的中心线在同一直线上，同时两联轴器之间应有一定的间隙。

3. 用带轮传动时，一般两带轮的中心距不小于 2 m，两带轮的轴线要平行，要防止传动带打滑，提高传动效率。

4. 工作前，关闭离心泵出水管上的闸阀，以减轻启动负荷。有吸程的水泵要对进水管和泵壳充水或抽真空，以排尽空气。具有可调式叶片的轴流泵，要根据扬程变化情况，调好叶片角度。轴流泵、深井泵的橡胶轴承需注水润滑。

5. 工作后，检查各零部件有无松脱，基础、支座有无歪斜、下沉等情况。离心泵和混流泵在冬季使用完后，应放空水管和泵壳内的积水，以免积水结冻，胀裂泵壳和水管。

【训练准备】

1. 离心式水泵机组 1 台并已安装就位,电源接通。
2. 机修工具和电工工具各 1 套,安全防护用品 1 套。

【训练要领】

在农田排灌现场,由水电工技师或电工技师设置 3 或 4 个故障点,学员根据表 5—1 提供的故障分析和排查思路,尝试排除水泵抽水困难或无法抽水的故障。

表 5—1　　　　水泵抽水困难或无法抽水故障分析

序号	故障原因	故障分析
1	进水管和泵体内有空气	(1) 水泵启动前未灌满足够的水 (2) 与水泵接触的进水管的水平段逆水流方向应有 0.5% 以上的下降坡度,连接水泵进口的一端为最高,不要完全水平 (3) 水泵的填料因长期使用已经磨损或填料压得过松,造成大量的水从填料与泵轴轴套的间隙中喷出,其结果是外部的空气就从这些间隙进入水泵的内部,影响了提水;或者管壁腐蚀出现孔洞,水泵工作后水面不断下降,当这些孔洞露出水面后,空气就从孔洞进入进水管
2	吸程太大	(1) 水泵吸水绝对真空时的吸程约为 10 m 水柱高,而水泵不可能建立绝对的真空,所以各离心泵的最大容许吸程一般在 3~8.5 m (2) 管道太长、水管弯道多,水流在管道中阻力损失过大。一般情况下 90°弯管比 120°弯管阻力大,每一 90°弯管扬程损失 0.5~1 m,每 20 m 管道的阻力可使扬程损失约 1 m
3	水泵转速过低	(1) 电动机问题。有相当一部分用户因原配电动机损坏,就随意配上另一台电动机带动,结果造成了流量少、扬程低甚至抽不上水的后果。也可能是电动机维修不良。电动机因绕组烧毁而失磁,维修中绕组匝数、线径、接线方法的改变,或维修中故障未彻底排除因素也会使水泵转速改变 (2) 传动带问题。有许多大型离心水泵采用带传动,因长期使用,传动带磨损而松弛,出现打滑现象,从而降低了水泵的转速。也可能安装不当,两带轮中心距太小或两轴不太平行,传动带紧边安装到上面,致使包角太小,或两带轮直径计算差错以及联轴传动的水泵两轴偏心距较大等,均会造成水泵转速的变化

续表

序号	故障原因	故障分析
4	其他因素	(1) 底阀打不开。通常是由于水泵搁置时间太长，底阀垫圈被粘死，无垫圈的底阀可能会锈死 (2) 底阀滤器网被堵塞，或底阀潜在水中污泥层中造成滤网堵塞 (3) 叶轮磨损严重。叶轮叶片经长期使用而磨损，影响了水泵性能 (4) 闸阀或止回阀有故障或堵塞，造成流量减小甚至抽不上水

【安全警示】

1. 水泵检修时，应穿戴好安全防护用品，并做好防滑倒、防溺水、防触电等措施。

2. 电工技师或安全监督员必须全过程监护学员的训练过程，检修水泵系统未经验收合格不得私自送电试运行。

任务2　自动喷灌设备安装和电路检修

任务分解

1. 了解农作物定喷喷灌系统和植物定点定喷喷灌系统的组成。
2. 能够在水电工的配合下排除喷灌系统常见故障。
3. 能够独立安装、调试灌溉水泵循环控制电路。

【知识链接】

一、喷灌系统概述

喷灌系统是指将流水喷成雨滴状对农作物或花卉等进行灌溉的成套装置。喷灌是一种新的灌溉技术，它与地面灌溉相比具有许多优越性，因此可以说，它是目前最理想的灌水方式，有着广阔的发展前途。

1. 喷灌系统的分类

喷灌机的种类很多，按运行方式可分为定喷式和行喷式两类，典型应用的照片如图5—5所示。在每一类中，由于系统组装形式、喷洒控制面积大小和喷洒特征的不同，又有不同的机型。

a）现代农业自动喷灌（定喷）系统　　b）单跨平移式喷灌（行喷）系统

图5—5　典型喷灌系统

（1）定喷式喷灌机组。它是指喷灌机工作时，在一个固定的位置进行喷洒，达到灌水定额后，按预定好的程序移动到另个位置进行喷洒，在灌水周期内灌完计划的面积。定喷全套设备只能在一块地上使用，所以每亩投资较高，而且需要大量管材。竖管对机耕及其他农艺操作有一定妨碍；但使用时操作方便，生产率高，占地少，结合施肥和喷洒农药也比较方便。

（2）行喷式喷灌机组。它是指在喷灌过程中一边喷洒一边移动（或转动），在灌水周期内灌完计划的面积。目前，我国生产的小型喷灌机按其与动力机配套的形式，可分为与手扶拖拉机配套的喷灌机和与电动机配套的小型喷灌机。

2. 农作物定喷喷灌系统的组成

农作物定喷喷灌系统通常由水源工程、水泵电动机装置、输配水管道系统和喷头等部分组成，如图5—6所示。

（1）水源工程。它包括河流、湖泊、池塘和井泉等都可作为喷灌的水源，但都必须修建相应的水源工程，如泵站及附属设施、水量调蓄池和沉淀池等。

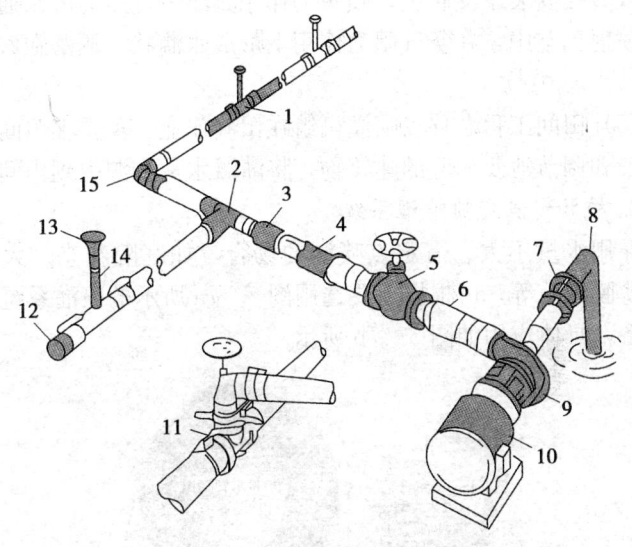

图 5—6 定喷喷灌系统结构
1—喷灌支管 2—三通 3—伸缩节 4—变径接头 5—阀门
止阀 7—接头 8—吸水管 9—水泵 10—电动机 11—干管出水阀
12—堵头 13—喷头 14—竖管 15—弯头

(2) 水泵及配套动力机。水泵将灌溉水从水源点吸提、增压、输送到管道系统。喷灌系统常用的水泵有离心泵、自吸式离心泵、长轴井泵、深井潜水泵等。在有电力供应的地方常用电动机作为水泵的动力机；在用电困难的地方可用柴油机、手扶拖拉机等作为动力机。动力机功率大小根据水泵的配套要求而定。

(3) 管道系统。管道系统的作用是将压力输送并分配到田间。通常管道系统有干管和支管两级，在支管上装有用于安装喷头的竖管。在管道系统上装有各种连接和控制的附属配件，包括弯头、三通、接头、闸阀等。为了在灌水的同时施肥，在干管或支管上端还装有肥料注入装置。

(4) 喷头。喷头是喷灌系统的专用部件，喷头安装在竖管上，或直接安装于支管上。喷头的作用是将一定压力的水通过喷嘴，喷射到空中，在空气阻力作用下形成水滴状，洒落在农作物表面。

（5）田间工程。移动喷灌机组在田间作业，需要在田间修建引水渠和调节池及相应的建筑物，将灌溉水从水源引到田间。

3. 植物定点定喷喷灌系统

在用水量不大、需定点喷灌的场合，如庭院花卉、大棚蔬菜、薄膜秧苗等，可根据需要选用图5—7a所示的喷灌系统及相关设备，具体应用如图5—7b所示。

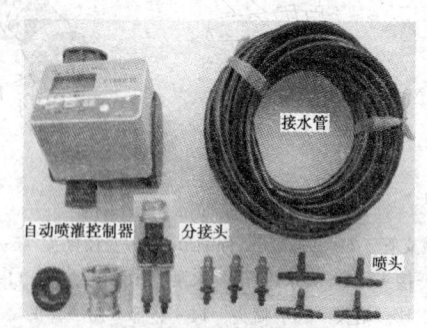

a）定点喷灌系统装置

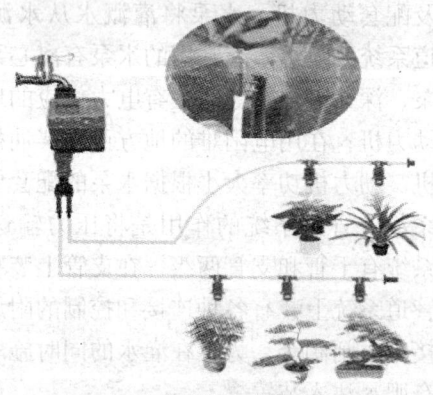

b）花卉定点喷灌系统

图5—7 植物定点定喷喷灌系统

二、灌溉系统使用和维护

1. 喷灌系统正确使用

（1）使用前，应检查喷头竖管是否垂直，支架是否稳固。竖管不垂直会影响喷头旋转的可靠性和喷水的均匀性；支架安装不稳，运行中会被喷水作用力所推倒，损坏喷头和砸坏作物。

（2）先关好干、支管道上的阀门，然后启动水泵，待水泵达到额定转速后，再依次打开总阀和支管上的阀门，以使水泵在低负载下启动，避免超载，并防止管道因水锤引起的振动。

（3）运行中，应注意监测喷灌系统各部件的压力，干管的水力损失应不超过经济值，支管的压力降低幅度不得超过支管最高压力的20%。

（4）在运行中，要随时观测喷灌强度是否适当，要求土壤表面不得产生径流、积水。否则说明喷灌强度大，应及时降低工作压力或换用直径较小的喷嘴，以减小喷灌强度。

（5）喷灌应在无风或风小时进行，如必须在有风时喷灌，则应减小各喷头间的距离，或采用顺风扇形喷灌。在风力达3级以上时，应停止喷灌。

（6）在喷灌运行中，要注意防止水舌喷到带电的线路上，并在移动管道时避开带电线路，以防止发生漏电事故。

2. 喷灌系统的维护

每次喷灌后，要将机、泵、喷头擦洗干净，转动部分及时涂油防锈；冬季要把泵内及管内存水放尽，以防冻裂。喷灌系统长时间不用，应把喷头拆卸，检查空心轴、套轴、垫圈等转动部件是否有异常磨损，并及时检复或更换损坏部件；清洗干净后，在各部件表面涂油后装好。管道内存水要放尽，防锈脱落要修补，软管冲洗干净后要晾干。全部设备维护完后，放在干燥的库房中保存。喷灌系统的常见故障分析及维修方法见表5—2。

表5—2　　喷灌系统的常见故障分析及维修方法

故障	产生原因	维修方法
电动机不工作	(1) 电源未接通 (2) 总是跳闸 (3) 合上电源开关电动机不工作	(1) 检测输入电源并确保电压正常 (2) 负载、线路有漏电或接地错误 (3) 电动机烧毁或启动电容失效
水泵不出水	(1) 泵内储水不足 (2) 进水管路漏气 (3) 密封破坏 (4) 叶轮损坏 (5) 吸程过高	(1) 加足储水 (2) 检查进水管路 (3) 更换纸垫油封或填料 (4) 更换叶轮 (5) 降低吸程
出水量不足	(1) 滤网或叶轮堵塞 (2) 转速不够 (3) 滤网淹没深度不够 (4) 密封磨损 (5) 水泵反转	(1) 清除堵塞物 (2) 调整转速 (3) 增大淹没深度 (4) 更换密封环 (5) 更正
输水接头处漏	(1) 密封圈安放不妥 (2) 密封圈配合面有杂物 (3) 压力不足 (4) 密封圈已破损	(1) 重新装好 (2) 清除 (3) 增加工作压力 (4) 更换
喷头不转或转速过慢	(1) 空心轴与轴头锈蚀 (2) 摇臂弹簧失灵或调整不当 (3) 减垫磨垫上有杂物 (4) 摇臂轴与衬套磨损大 (5) 压力太大或太小 (6) 喷架安装不平	(1) 修整或更换 (2) 调整或更换 (3) 清洗修整 (4) 更换 (5) 检查机泵 (6) 调整

【训练准备】

1. 现场考察农业定喷灌溉系统。

2. 电工实验板1块及安装元器件对照图5—8选配元件。建议KT1和KT2均选用JSl4S型数显时间继电器，KM1选用220 V、10 A的交流接触器，QS选用220 V、10 A的自动开关（低压断路器），SB选用LA20－11型揿压式按钮，FU选用RL系列螺旋式熔断器。

3. 电工常用工具及安全防护用品各1套。

【训练要领】

1. 在水电工技师的指导下考察农业定喷灌溉系统，并绘制系统布置图。

2. 在电工板实验板上安装灌溉水泵循环控制电路，如图5—8所示。安装完毕，设定定时器的工作时间，调试水泵循环工作周期。

这里简单介绍本电路结构和工作原理。本系统由电源开关QS、控制按钮SB、交流接触器KM1和时间继电器KT1、KT2组成。接通电源开关QS后，时间继电器KT2经交流接触器KM1的常闭触头KM1－1形成回路，开始工作。当KT2设定的延迟时间到达时，KT2延时闭合的常开触头接通，使KM1通电吸合，KM1的常开主控制触头KM1和两组常开辅助触头KM1－2、KM1－3均接通，水泵电动机M通电工作，开始抽水喷灌。同时KM1的常闭触头KM1－1断开，使KT2断电，其常开触头断开，但由于KM1的常开触头KM1－3已接通，KM线圈通过KT1的延时断开常闭触头和KM1－3维持为吸合状态，M继续工作。KM1－2闭合后，KT1通电开始工作。当KT1设定的延迟时间到达后，其延时断开常闭触头断开，使KM1断电释放，M停止工作。此时，KM的常闭触头接通，使KT2又开始工作。以上过程循环地进行，即可实现自动定时循环浇灌。在接通电源开关QS后，按一下SB，可立即进行喷灌。

3. 在电工技师的指导下分析水泵、输水和喷头等装置的常见故障，并做好记录，以便指导今后的生产实践。

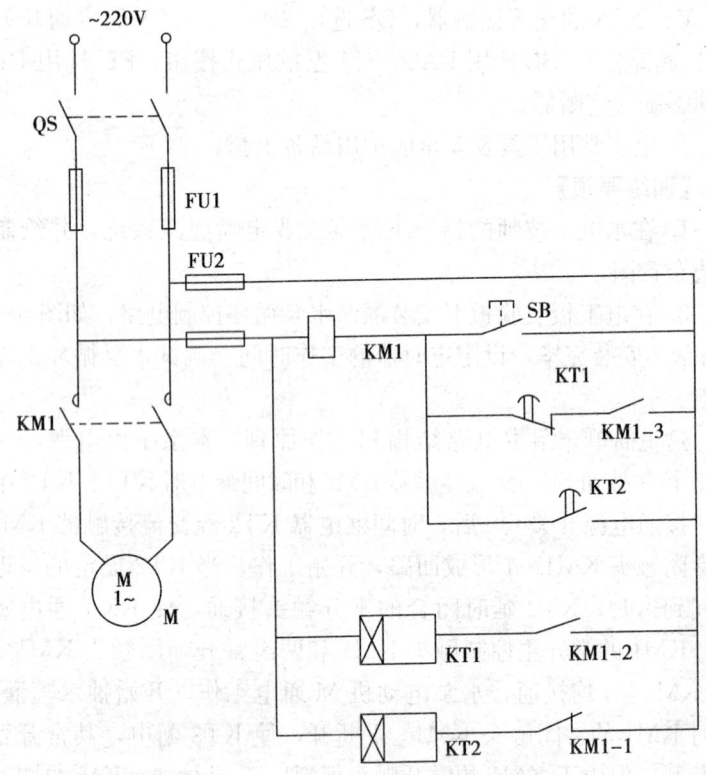

图 5—8 灌溉水泵循环控制电路图

【安全警示】

1. 农业定喷灌溉系统是一个系统工程,现场安装、调试涉及水电、机械等多个作业面,应注意协调配合施工。

2. 现场检修和试运行应有专人监护,防触电、防滑倒、防止管路破裂或松脱,同时注意观察各喷头的工作情况。

任务3 农村蔬菜、花卉大棚电气控制线路安装与检修

任务分解

1. 了解蔬菜、花卉大棚技术。
2. 会选用大棚温湿度控制器并能正确连接。
3. 掌握农村蔬菜、花卉大棚电气控制电路选用、安装、调试和简单故障排除。

【知识链接】

一、蔬菜、花卉大棚技术概述

蔬菜、花卉大棚技术具有水土流失少，温湿度易于控制，抵御自然灾害天气和减少外来病虫害等显著优势，在我国内陆及东南沿海地区广泛推广和应用。大棚形式多种多样，按骨架材料可分为竹木大棚与钢构大棚，其实物如图5—9所示；按大棚的栋数可分单栋大棚与连栋大棚。目前，绝大多数农村种植户搭建的是竹木大棚、塑料薄膜覆盖。

a) 钢构大棚　　　　　　　　b) 竹木大棚

图5—9　蔬菜花卉大棚结构

二、大棚温湿度控制器

塑料大棚是充分利用太阳光能的主要手段之一，能避光、增产、保湿，为蔬菜和花卉生长创造一个良好环境。蔬菜大棚作为一个相对封闭的环境，其内部形成了一个小气候环境，良好的空气环境是蔬菜正常生长的重要条件。为了增产、增收，要注意大棚内部的气体、温度和湿度3个重要因素。气体主要是指棚内的二氧化碳的含量。当空气中的二氧化碳浓度提高到0.1%时，可使蔬菜的光合作用速率增加1倍以上，增产20%～80%；若使二氧化碳浓度降至0.005%时，光合作用几乎停止。蔬菜生长的适宜温度为20～30℃。大棚内白天增温快，当棚外平均气温为15℃时，棚内可达40～50℃。因此，要适时调节棚内温度，避免高温危害。塑料大棚经常处于密闭状态，水蒸发量大大减小，内部湿度一般在80%～90%，湿度过大极易导致病虫害的发生。现在对大棚内气体、温度和湿度的有效调节，主要是通过适时的通风来实现。二氧化碳含量过大和湿度过大都会导致温度升高，通过调节温度可以有效地控制二者的浓度，因此对棚内温度的控制是非常重要的。

DWSK型温室大棚温湿度控制器如图5—10a所示，是专为农业、林业种植和养殖领域研制的温湿度控制器。该控制器结合

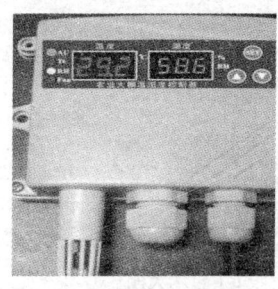
a）DWSK型温湿度控制器

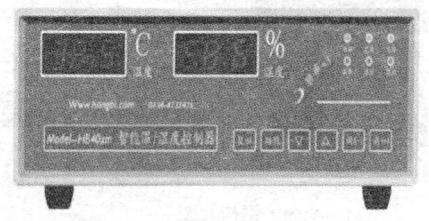
b）HB40xM通用智能温湿度控制器

图5—10 两款典型大棚温湿度控制器

了农业、林业种植领域的特点，采用了计算机技术和最先进的数字温度传感器技术，克服了传统模拟式温度传感器（如热敏电阻、铂电阻等）的不稳定、误差大、容易受干扰、需要定期校准等严重缺陷，具有测量数据稳定，精度高，抗干扰能力强，在农业温室大棚、粮库、林业、花卉养殖等领域具有广阔的应用前景。该温湿度控制器具有以下功能。

1. 显示功能

LED双显示屏，左屏幕显示温度测量值，右屏幕显示湿度测量值。

2. 自动（应急）和手动运行功能

自动运行状态下，根据通过温湿度传感器采集到的温度和湿度，控制器可以通过控制温度阀、加湿阀和通风阀自动控制大棚内温度和湿度。自动运行状态下，可以通过按键和上位机设定任意控制温度阀、加湿阀和通风阀。

3. 报警功能

当监测的温湿度超过报警限后，报警触点闭合，控制扬声器喇叭或报警器报警。

4. 智能化设置功能

带有三位按键和LED数码管显示功能，可以任意设置温湿度的上下限、3个控制阀的工作状态、RS485通信参数。

5. 控制功能

当监测的温湿度超过所设置的报警上限或低于报警下限后，可以通过升温或降温触点、加湿或除湿触点分别控制升温或降温设备、加湿或除湿设备工作，自动调节室内温湿度，使之维持在所设置的范围之内。

6. 数据记录功能

根据需要，可以通过上位机软件记录每天、每小时或特定时间的温湿度数据。

7. 通信功能

带有 RS485 通信接口，标准 MODBUS 协议，可以组成 485 网络和计算机通信。

另一款 HB40xM 通用智能温湿度控制器如图 5—10b 所示，同样适用于大棚、孵化及各种场所恒温恒湿控制。它具有 3 路控制输出（1 路温控＋1 路湿控＋1 路报警输出），温/湿控模式随意设定（可设为升温或降温模式，加湿或去湿模式），报警温/湿的上/下限及报警方式随意设定（3 种报警声音识别），并具有温湿度传感器开路、短路保护及报警等功能。

三、电气连接

大棚内不同作物生长所需温湿度环境不同，可以通过查阅相关资料来确定通风、加热、除湿等所选设备的功率和工作周期，然后按照温湿度控制器的使用说明书正确连接。多数温湿度控制器生产厂家都可为用户配置标准温湿度传感器与之配套。常见的连接形式如图 5—11 所示。

【训练准备】

1. 符合训练条件的大棚一处。
2. 电工常用工具及安全防护用品。

【训练要领】

1. 根据施工要求选择合适的配电线路形式。常用蔬菜、花卉大棚电气接线如图 5—12a、图 5—12b 所示。其中图 5—12a 是交流220 V 直供式用电系统，市电经配电盘（必须按照漏电开关或带漏电保护的断路器，配电盘上应独立安装操作照明灯）后再经刀开关或负荷开关送往工作照明系统、事故照明系统、定点加热系统、通风系统、喷灌水泵系统等。各系统应以单独回路控制，各回路均装设短路保护和过载保护。严禁将工作零线和钢构大棚的金属支架直接短接。

若负载功率不是太大，且温湿度控制器等工作电器、电动机在选择时均选用了低压24 V 或 36 V，则应优先考虑采用图

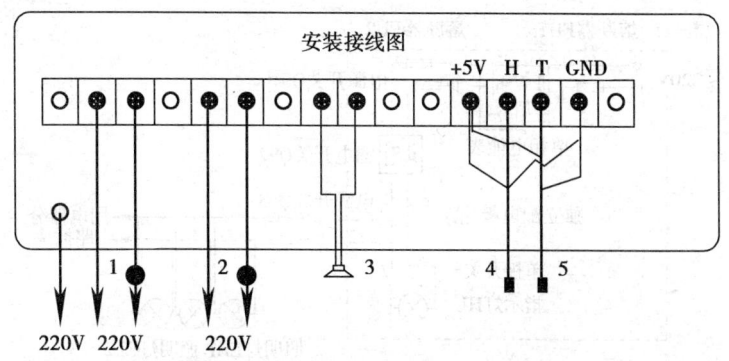

a）BH40型温湿度控制器接线

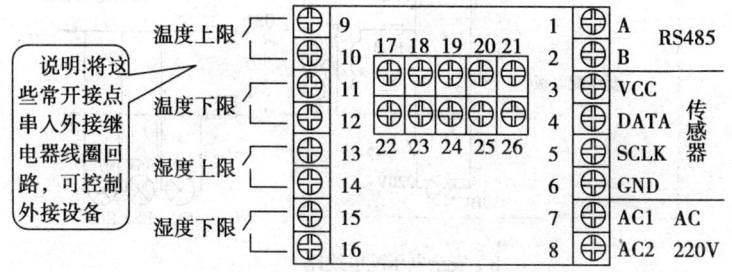

b）THC-01型温湿度控制器接线

图 5—11　温湿度控制器接线

5—12b所示安全电压供电系统。注意所选控制变压器的一次电压应与接户电压一致（220 V或380 V），控制变压器功率应为照明灯泡、温湿度控制器、风机、加热器等设备功率之和略大。

2．在电工技师的指导和监护下完成电气配线。配线时尽可

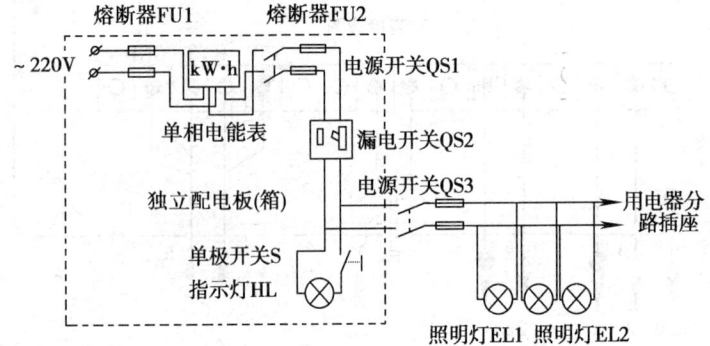

a）市电直供式配电线路

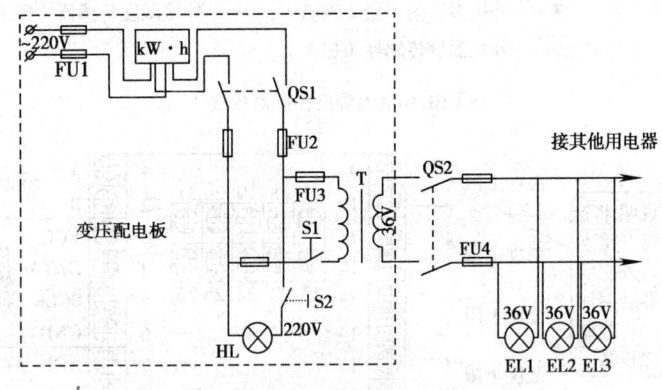

b）安全电压配电线路

图 5—12 常用蔬菜花卉大棚电气接线

能穿管，不宜架空，不宜直接缠绕在大棚支架上，以免电气线路暴晒或腐蚀后加速导线绝缘老化，影响使用寿命和安全生产。如线路在大棚立柱上架空，必须至少有绝缘子支持。

3. 按图施工装接电气设备，也可结合用户实际需求合理调整线路的走向和设备的安装位置，但不得违反安全生产和安全用电的相关规定。

4. 复查电气设备及线路的完整、正确，绝缘电阻测试符合技术要求。

5. 通电调试，出具调试报告，验收签字。

【安全警示】

1. 大棚内照明灯具应选用防水防爆灯具，所有有金属外壳的电气设备必须可靠接 PE 保护零线，不能直接接工作零线，更不能直接分散独立接地。

2. 所有的测温、测湿、测风速、测压力的装置或传感器必须严格按产品说明书要求安装在合适的地点和高度，以免影响测量精度和使用的安全性。

任务4　稻谷加工机械设备电气维修

任务分解

1. 了解稻谷加工机械工作原理和基本结构。
2. 了解稻谷加工机械使用和维护常识。
3. 能够配合机修工完成设备机械保养和故障排查。
4. 能够检修稻谷加工一体机的电气线路。

【知识链接】

一、稻谷加工机械概述

1. 砻谷和砻谷机

脱去稻谷外壳的过程叫砻谷，砻谷时要求减少米粒爆腰和表皮受损，尽量保持糙米完整。常见的砻谷机设备有胶辊砻谷机、砂盘砻谷机和离心砻谷机等。

（1）胶辊砻谷机主要工作部件是一对在铸铁圆筒上黏结或套装胶层的水平橡胶辊筒或塑料辊筒。稻谷经淌板在胶辊全长上均匀地喂入两辊之间，等径辊筒以不同的线速逆向回转，通过压砻的压力使通过辊间的稻谷受到挤压和搓撕，绝大部分稻谷达到脱壳的目的；然后进入谷壳分离装置，再经吸风口以 4~5 m/s 的风速吸除稻壳。谷糙混合物与稻壳分离后，谷糙混合物从出料淌板排出。胶辊砻谷机的脱壳率高，糙米表面光滑，碎米少，但在气温高时胶辊损耗快，糙米爆腰较多，生产成本较高。

(2) 砂盘砻谷机主要工作部件是与铸铁圆盘黏结为一体的环形金刚砂盘，上盘固定，下盘转动并可上下移动，根据稻谷粒度的大小调节上下砂盘的间隙（轧距）。稻谷从喂料斗通过上砂盘的中心区喂入下砂盘，下砂盘转动产生的离心力迫使谷粒进入两盘之间的环形脱壳区。在端压和摩擦作用下，可将 75% 左右的稻谷脱去颖壳，但糙碎米较多。脱壳后的谷糙混合物经谷壳分离装置借气流除去谷壳后排出机外。

(3) 离心砻谷机的主要工作部件在内为旋转甩料盘，其外为固定的冲击圈。稻谷进入工作区被甩盘加速，借助离心惯性力飞向冲击圈，因受撞击而脱壳。此机结构简单、操作管理方便、动力消耗少、加工成本低；只是碎米较多，出米率低。

2. 碾米和碾米机

将糙米表面的皮层部分或全部剥除的工序称碾米。碾米是运用机械设备产生的机械作用力对糙米进行去皮碾白，所用的机械设备称为碾米机。碾米机的分类方式有很多种，根据碾辊材料的不同，分为铁辊、砂辊和砂铁结合辊。根据碾辊轴的安装形式，又可分为立式和横式两种。其中立式碾米机多采用砂辊和铁辊，横式碾米机砂辊、铁辊和砂铁结合辊 3 种都有采用。根据碾白作用力的特性，碾白方式分为摩擦擦离碾白和碾削碾白两种。

3. 砻谷碾米一体机

常见碾米砻谷一体机外形和结构如图 5—13 所示。该结构的砻谷机与碾米机之间设有一风力提升装置，碾米机下方的细糠出口处设有一条细糠输送管，输送管的另一端口与砻谷机下部的大糠分离器、大糠出口位于同一位置方向，细糠输送管末端与大糠出口末端分别连接一具有同一出口的集合管。使用时，谷物从砻谷机上方进入，初加工成的糙米由风力提升装置通过提升风机的作用进入碾米机，而大糠则由大糠出口排出；糙米在碾米机内被碾白，白米从糙米出口出来，而形成的细糠则由细糠输送管输送到与大糠出口同一位置方向处，通过连接集合管，使大糠细糠从同一出口出来。

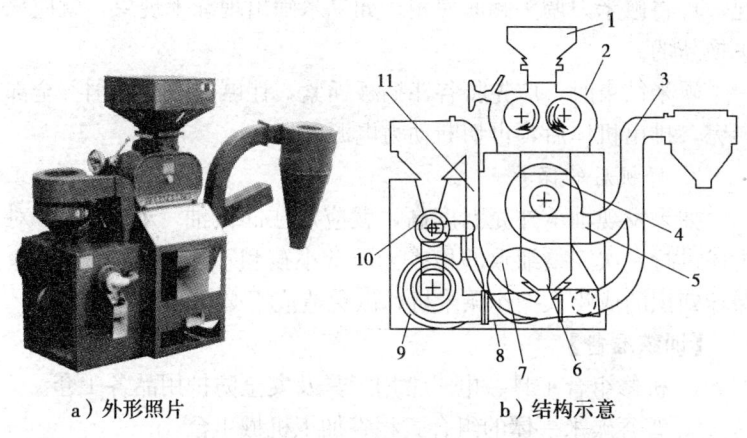

a）外形照片　　　　　　　b）结构示意

图 5—13　砻谷碾米一体机

1—谷斗　2—砻谷机　3—集合管　4—大糠分离器　5—大糠出口　6—糙米出口
7—提升风机　8—细糠输送管　9—细糠风机　10—碾米机　11—提升输送管

二、稻谷加工机械使用和维护

1. 开机前的准备工作

首先检查碾米机各连接零件部是否完整；连接螺钉、螺帽是否松动；安装是否正确。若有问题，应先进行正确的安装、调试。

清除所要碾稻谷内的杂物（如石粒、铁器等），以免发生事故。检查稻谷的干湿程度是否符合要求，然后将谷斗插板插紧，把稻谷装入谷斗内待打。

2. 开机后的技术要求

接上动力让碾米机空转 1～3 min 待运转稳定后，再慢慢抽开入料插板进行下料，投入工作。随时检查碾米的质量，如质量不符合要求，可调节出料插板或调整米刀与磨心的间隙。如含谷较多，先调节出料插板，使出米口适当减少（如果出米口调小了仍含谷较多，则需把米刀与磨心间隙调小些）；如果出现碎米烂米多，则应把出米口（或者米刀与磨心的间隙）调大些。

碾米刀在使用一段时间后，若出现由于磨损而不锋利的情况，可将碾米刀调头翻面使用。如果米筛出现漏米现象，就应该更换新的。

碾米结束时，应先将谷斗插板插紧，让碾白石内的稻谷全部碾完，排出机体后，再切断动力电源。

3. 停机后的保养

如果发现轴承外壳温度高，就应加注润滑油（如黄油）。对机体进行一次完整细致的检查。严禁小孩和不熟悉碾米机使用、保养知识的成年人操作碾米机，以免造成不必要的人身伤害。

【训练准备】

1. 机修组合工具、电工常用工具及安全防护用品各 1 套。
2. 砻谷碾米一体的组合式稻谷加工机械 1 台。

【训练要领】

1. 设备机械保养和故障排查

（1）保养。稻谷加工机械种类和结构形式很多，但维护工作通常都是采用定期润滑保养加常规检查的形式。润滑一般要求是：定点润滑部位的轴承，其润滑油或润滑脂要充足、干净，润滑油脂的品质和牌号要符合要求；按规定时间（一般运转 3 个月左右）清洗轴承并换油；轴承温度高时应查明原因并检修。检查的主要内容有：

1）碾米室各机件装配处应保持平整光滑，压筛条和米刀均应保持平整。

2）白米中含糠较多时，应停机检查。可将碾米机轴抽出，检查砂辊与碾米机主轴是否偏移，即砂辊喷风孔与主轴喷风孔是否对齐；检查主轴喷风孔有无细糠积存，并导致喷风孔堵塞。

3）砂辊磨损后，筛子与砂辊间隙增大，需调整米刀加以弥补；砂辊磨损至半径减小 5～10 mm 时应换新的。

（2）检修。砻碾一体的组合式稻谷加工机械常见的故障是米中带谷、糠中带粮和异常声响等，故障分析和维修方法见表 5—3。

表 5—3　稻谷加工机械常见机械故障分析及维修方法

序号	故障表现	分析原因	维修方法
1	米中带谷	（1）碾白室压力过小 （2）米刀磨损严重 （3）机盖进料段严重磨损 （4）胶辊严重磨损	（1）调小米刀间隙，调小出口闸板开度 （2）将米刀调头使用或更换米刀 （3）更换机盖 （4）修理或更换胶辊
2	糠中带粮	（1）米筛破损 （2）两片米筛接缝不严 （3）机盖与机体密封不严	（1）修补或更换米筛 （2）重新安装米筛，使其接缝严密 （3）清除机盖与机体接触面杂物，锁紧机盖
3	异常声响	（1）稻谷中有金属或其他异物 （2）米刀与胶辊撞击 （3）胶辊松动	（1）断电停机，开机检查，排除异物 （2）调整米刀与胶辊间隙 （3）紧固胶辊
4	碎米过多	（1）米刀间隙过小 （2）出料口闸门开度过小 （3）胶辊转速过高	（1）适当调大米刀间隙 （2）适当调大出料口闸门开度 （3）适当降低胶辊转速
5	碾米机阻塞	（1）进料喂入量过大 （2）出料速度太慢 （3）传动带太松，胶辊转速太慢 （4）稻谷太湿、排糠不畅 （5）稻谷中杂物太多	（1）适当调小进料口闸门开度 （2）适当调大出料口闸门开度 （3）张紧传动带 （4）晒干稻谷后再进行加工 （5）清除稻谷中杂物再加工

2. 电气维修

(1) 看懂电气原理图。常用的稻谷加工一体化机械一般是由双联斗式提升机、砻谷机和碾米机组成的配套设备,通过 3 台或两台交流电动机驱动工作,电路如图 5—14 所示。

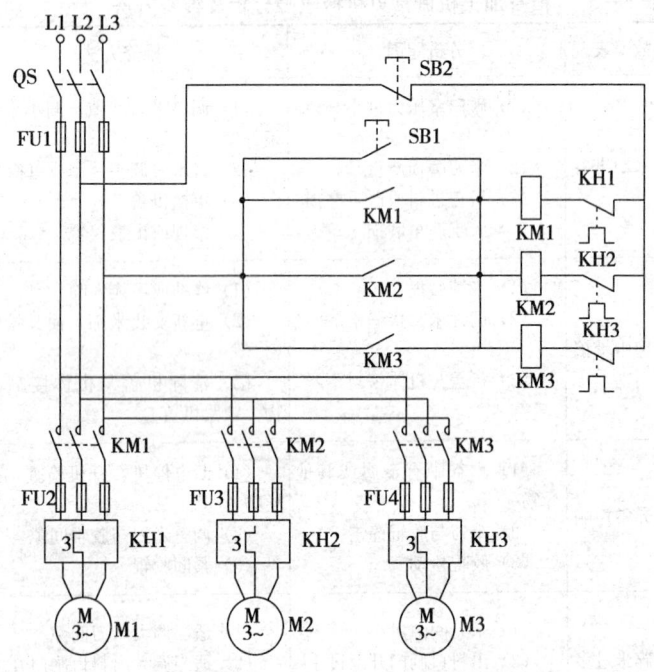

图 5—14 砻碾一体化稻谷加工机械电路图

该稻谷加工机械控制器电路由刀开关 QS、熔断器 FU1～FU4、启动按钮 SB1、停止按钮 SB2、交流接触器 KM1～KM3 和热继电器 KH1～KH3 组成。M1 是斗式双联提升机的驱动电动机,M2 是砻谷机的电动机,M3 是碾米机的电动机。

接通刀开关 QS,按一下启动按钮 SB1,交流接触器 KM1～KM3 均通电吸合,其常开触点接通,电动机 M1～M3 启动运转，使稻谷加工机进入工作状态；由斗式双联提升机将干净的稻谷送入砻谷机进行脱壳，脱壳后的糙米再经提升机送入碾米机进行谷糠分离及碾白，分离出细糠和白米。加工完毕后，按一下停止按钮 SB2，使 KM1～KM3 释放，M1～M3 停止运行。

热继电器 KH1～KH3 分别用于 M1～M3 的过载保护。若某电动机出现过载或过热故障时，该路热继电器动作，其常闭触点断开，使与其串联的交流接触器释放，该电动机保护停机。

（2）电气故障检修

1) 合闸后机组不工作。一看：机组总熔丝（熔断器）是否熔断，或断路器是否跳闸。如有异常则应先查出故障原因并排除后再次送电，不可试验送电，防止线路或设备故障扩大，严禁随意加大熔断器规格或强制送合断路器。启动按钮（或停止按钮）连接线松脱等。二测：用验电笔（验电器）测电源进户各相是否均有电。

2) 合闸后某一机组不工作。机组断电后，一看：相应机组的熔丝是否熔断，如有熔断现象则可能是该电动机短路或烧毁，也可能是加工量太大造成严重过载；热继电器是否处于热保护状态（有的可以手动复位）；电动机接线柱引线是否松动等。二测：测相应回路的电动机绕组是否开路或严重短路。若是单相电动机电容分相运行，还应查其电容器是否失效或短路，可尝试用替代法；测交流接触器线圈是否烧断或引线松脱等。

3) 机组启动困难或功率明显降低。这可能是：供电线路线损过大；电源电压偏低；代换或检修后的电动机不符合设计要求；重绕后的电动机绕组匝数不够或线头连接错误而导致电动机过热。

【安全警示】

1. 机组启动后发现不出米，可能是主轴反转，应立刻停机，调换电动机进线的两个端子接线，使旋转方向正确。

2. 机组检修时，应确保有人监护，防止误送电。

3. 机组更换材料尽可能采用原生产厂家配套产品，防止配合误差太大而影响加工质量。

4. 机组配用熔断器和刀开关电流应为所有电动机额定电流的 2 倍以上，防止机组启动或过载时再次发生线路故障。

单元六 电子技术基本技能

> **学习提示**
>
> 本单元内容包括电阻器识别与检测、电容器识别与检测、电感器识别与检测、电气元件整形与焊接技术、半导体器件识别与检测、简单稳压电源安装与调试、简单放大电路安装与调试 7 项学习任务。这些内容是维修电工的基础,从复读机的稳压电源、调光台灯,到机电设备的电子控制单元,电子技术的发展已经融入人们日常生产、生活的各个方面。因此,现代维修电工必须牢固掌握这方面的基本知识和技能。

任务 1 电阻器识别与检测

任务分解

1. 了解电阻器分类、型号。
2. 掌握电阻参数及其标志方法。
3. 学会直接读取电阻数值的方法。
4. 学会用 MF47 型万用表测量电阻。

【知识链接】

一、电阻器分类

电阻器的种类很多,随着电子技术的发展,新型电阻器也日益增多。常见电阻器的外形和图形符号如图 6—1 所示。

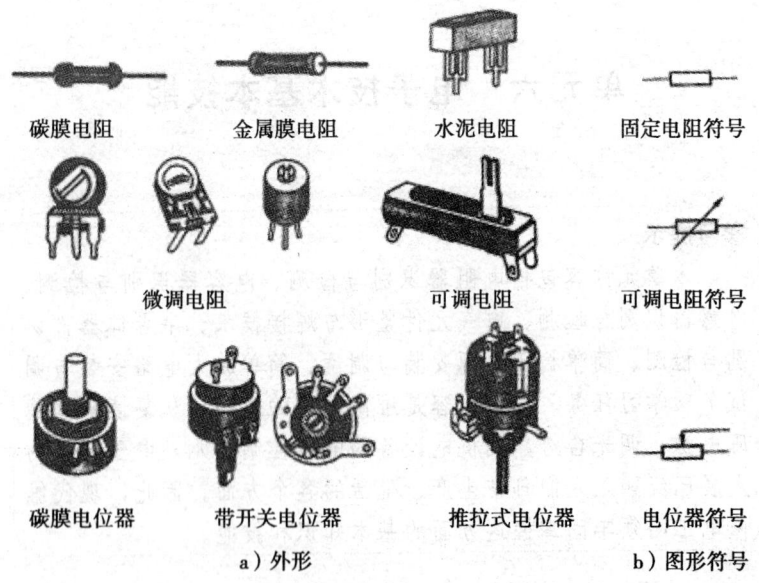

a）外形　　　　　　　　　　　b）图形符号

图 6—1　常见电阻器的外形和图形符号

电阻器通常可分为固定电阻器、可变电阻器和敏感电阻器 3 大类。按电阻体材料不同，固定电阻通常又可分为绕线型、薄膜型和合成型 3 种。可变电阻器又称电位器，其电阻值在一定范围内连续可调。可变电阻器通常有 3 个引脚，其中 2 个引脚之间为固定电阻值，第三个引脚与任何两个引脚之间的电阻值可以随着轴臂的旋转（或活动点的直线式位移）而改变。所谓敏感电阻器，是指电阻值对温度、湿度、光、机械力、电压、气压等物理量敏感的元件。

二、电阻器型号

根据国家关标准的规定，电阻器的型号由以下几部分组成：

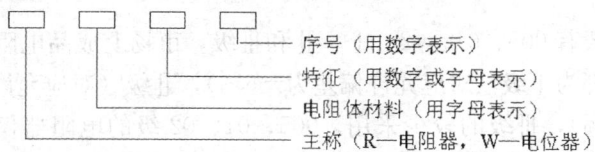

示例，RJ71型精密电阻器：

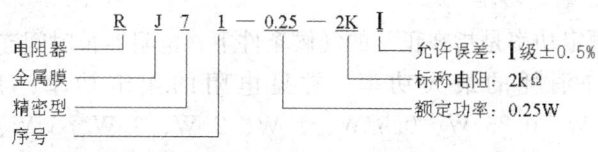

三、电阻器主要参数

电阻器的主要参数有标称值、允许偏差、额定功率3项。

1. 标称阻值

由国家统一规定的一系列阻值作为电阻器阻值的标准值，这一系列阻值叫做电阻的标称阻值。常用电阻器的阻值系列标准见表6—1。使用时将表中的数值乘以1、10、100、1 000、…、10^n（n 为0或正整数）。如 E_{24} 系列中的1.0就可以有1 Ω、10 Ω、100 Ω、1 kΩ、10 kΩ、100 kΩ等标称阻值。

表6—1　　　常用电阻器的标称阻值系列

系列	精度等级	标称电阻值（Ω）
E_{24}	I	1.0　1.1　1.2　1.3　1.5　1.6　1.8　2.0　2.2　2.4 2.7　3.0　3.3　3.6　3.9　4.3　4.7　5.1　5.6　6.2　6.8 7.5　8.2　9.1
E_{12}	II	1.0　1.2　1.5　1.8　2.2　2.7　3.3　3.9　4.7　5.6 6.8　8.2
E_6	III	1.0　1.5　2.2　3.3　4.7　6.8

2. 允许偏差

电阻器的实际值对于标称阻值的最大允许偏差范围称为电阻器的允许偏差，它表示电阻器产品的精度高低。精度等级从高到低一般有 005、01、02、Ⅰ、Ⅱ和Ⅲ级。市场上成品电阻器的精度大都为Ⅰ级（对应允许偏差为±5%）、Ⅱ级（对应允许偏差为±10%），Ⅲ级的较少采用。005、01、02级的电阻器仅供精密仪器或特殊电子设备使用。

3. 额定功率

额定功率是指在正常的气候条件下，电阻器长时间连续工作所允许消耗的最大功率。常见电阻的额定功率一般分为 0.125 W、0.25 W、0.5 W、1 W、2 W、3 W、5 W、7 W、10 W 等。在具体的电路图中可用规定的图形符号表示，如图 6—2 所示。大于 1 W 的电阻器都用阿拉伯数字表示。

图 6—2　标志额定功率的电阻器图形符号

四、电阻器的参数标志方法

电阻器的主要参数在电阻体表上标志的方法通常有直标法、文字符号法、数码法和色标法 4 种，见表 6—2。

表 6—2　　　　　电阻器参数标志方法

标志方法	标志说明	示图	含义
直标法	直标法就是将电阻器的主要参数直接标志在电阻器的外表上	47kΩ ±20%	电阻的标称值为 47 kΩ，允许误差为 ±20%
文字符号法	文字符号法是将数字和文字组合在一起的表示方法	RJ7　2K7±20%	电阻的标称值为 2.7 kΩ，允许误差为 ±20%

续表

标志方法	标志说明	示图	含义
数码法	数码法用三位数字来表示电阻元件的标称值		标志为 100 的电阻器的阻值为 $10×10^0=10\ \Omega$，561 的 $56×10^1\ \Omega=560\ \Omega$，471 的为 $47×10^1=470\ \Omega$
色环法	色标法是在小型电阻器上常采用不同色环来表示其阻值及允许偏差的大小		普通电阻器用四色环表示，为两位有效数字；精密电阻器用五色环表示，为三位有效数字

对于采用色标法标志的电阻器，相关参数信息的读取可分为四色环和五色环两种情况。普通电阻器用四色环表示，为两位有效数字色标法。精密电阻器用五色环表示，为三位有效数字色标法。紧靠电阻体一端头的色环为第一环，露着电阻体本色较多的另一端头为末环。色标法中各环颜色代表的含义见表6—3。

表 6—3　　　色环颜色所代表的含义

色环颜色	第一色环（第一位数）	第二色环（第一位数）	第三色环（乘数）	第四色环（允许偏差%）
黑	0	0	$×10^0$	—
棕	1	1	$×10^1$	±1
红	2	2	$×10^2$	±2
橙	3	3	$×10^3$	
黄	4	4	$×10^4$	
绿	5	5	$×10^5$	±0.5
蓝	6	6	$×10^6$	±0.25

续表

色环颜色	第一色环 （第一位数）	第二色环 （第一位数）	第三色环 （乘数）	第四色环 （允许偏差%）
紫	7	7	$\times 10^7$	±0.1
灰	8	8	$\times 10^8$	—
白	9	9	$\times 10^9$	
金	—	—	$\times 10^{-1}$	±5
银	—	—	$\times 10^{-2}$	±10
无色	—	—		±20

【训练准备】

1. MF47型万用表1块，熟悉其功能和表盘刻度的含义。

2. 准备不同阻值和精度的电阻器若干。

【训练要领】

1. 选择合适倍率

根据初步估测电阻大小选择合适倍率（即电阻挡位）。

2. 调零

将两表笔短接，调节调零电位器旋钮，直至指在第一条欧姆刻度线的零位上（注意，每次改变倍率挡后都必须重新调零）。当调零无法使指针到达欧姆零位时，则可能是电池电压太低，需更换电池。

3. 测量方法

（1）正确的测量方法。直接用万用表的红、黑表笔接触被测电阻的两引脚，当指针停留在表盘满刻度的1/3～2/3范围内便可读数。若指针偏转不明显，应转动挡位开关，重新选择倍率。

（2）错误的测量方法。借助手指捏紧电阻器引脚进行测量。由于人体电阻直接并接于被测电阻两端，会造成不必要的测量误差。

4. 读取表盘刻度值

待指针稳定后,读取欧姆刻度线上指针指示数值。

5. 计算被测电阻值

$$\text{被测电阻值} = \text{表盘读数} \times \text{倍率} \qquad (6\text{—}1)$$

6. 判断电阻器性能

把电阻器表面识读的标称值与万用表实际测量值作比较,若数值在误差值以外,则表明电阻器可能变值(一般是阻值增大)或开路。

【安全警示】

1. 禁止带电测量电阻。测量电阻时,必须切断电路中的电源,确保被测电阻中没有电流,防止烧坏表头。

2. 在路测量电阻时,必须考虑被测电阻所在回路中所有可能的串、并联电阻对测量结果的影响,最好焊下被测电阻的一端引脚,然后再测量。

3. 测量完毕,应将万用表转换开关旋在交流电压最高挡,防止下次测量时不注意转换开关的位置,而直接去测交流电压将表烧坏。

任务2 电容器识别与检测

任务分解

1. 了解电容器分类、型号。
2. 掌握电容器参数及其标志方法。
3. 学会直接读取电容器容值的方法。
4. 学会用 MF47 型万用表估测电容器性能。

【知识链接】

一、电容器的分类

电容器种类繁多,习惯按结构分为固定电容器、微调电容器、可变电容器和电解电容器。电容器的外形和图形符号如图 6—3 所示。制造电容和设计电路时还可按绝缘介质材料的不同来分类，如纸介电容、云母电容、陶瓷电容、铝电解电容等。

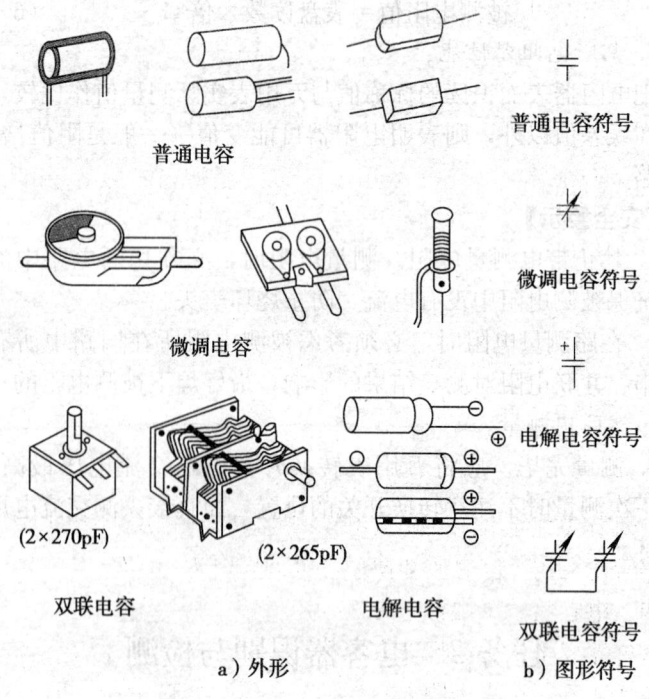

a）外形　　　　　　　　　　b）图形符号

图 6—3　常用电容器的外形及图形符号

二、电容器型号

根据国家有关标准规定，电容器型号一般由下列 4 部分组成：

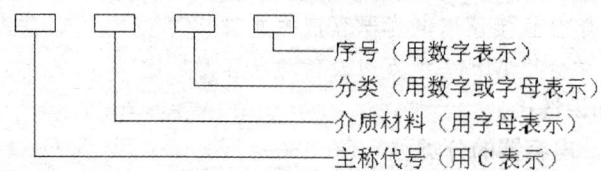

电容器的型号解读举例：

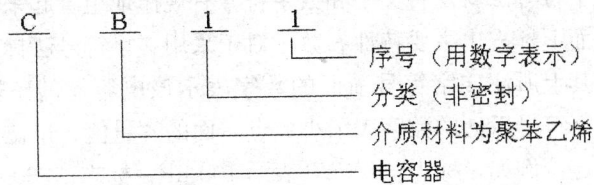

三、电容器主要参数

电容器的主要参数有：标称值、允许偏差和额定工作电压3项。

1. 标称值与允许偏差

标志在电容器上的电容量称为标称值。电容器的实际值与标称值存在一定的偏差，电容器的标称值与实际容量的允许最大偏差范围，称为电容器的允许偏差。

2. 额定工作电压

额定工作电压是指电容器在规定的温度范围内，能够连续可靠工作的最高直流电压或交流电压的有效值，额定电压的大小与电容器所使用的绝缘介质和使用环境温度有关。

四、电容器的参数标志方法

电容器规格常用的标志方法有直标法、文字符号法、数码法和色标法4种，用来表明电容器的标称值、允许偏差、精度等级及工作电压等特性参数。

1. 直标法

直标法就是在电容器的表面直接标出主要参数和技术指标的一种方法，可以用阿拉伯数字、字母和文字符号标出。对于采用直标法标志的电容器，可直接从电容器表面读取型号、工作电压、标称值及允许偏差等主要信息。例如，在电容器表面标志"CB41 250V 2000pF±5%"字符信息的含义为：CB41型精密聚苯乙烯薄膜电容器，额定工作电压为250 V，标称容量为2 000 pF，允许偏差为±5%。

2. 文字符号法

文字符号法就是将文字和数字符号有规律地组合起来,在电容器表面上标志出主要特性参数。对于采用文字符号法标志的电容器,其上所注文字符号前面的数字表示该电容器的整数容量值,文字符号后面的数字表示小数点后面的容量值;单位由文字符号决定。例如,标志"100n"表示 100 nF,标志"3300 p"表示 3 300 pF,标志"3μ3"表示 3.3 μF。

3. 数码法

数码法用三位数字来表示电容器的标称值。对于采用数码法标志的电容器,从左至右第一、二位数字表示电容标称值的第一、二位有效数字,第三位数为倍率 10 的"n"次方(即前面两位数后加"0"的个数),单位为 pF。例如,标志为 333 的电容器,其容量值为 33×10^3 pF;标志为 104 的电容器为 10×10^4 pF。

4. 色标法

色标法就是用不同颜色的色带或色点,按规定的方法在电容器表面上标示出其主要参数的标示方法。对于采用色标法标示的电容器,其标称值、允许偏差及工作电压均采用颜色进行标示,其中有效数字、倍率、允许偏差等数字与颜色的对应关系同电阻器的规定。立式电容器色标法标示的特点是,色标顺序从上而下,沿引脚方向排列。例如,某电容器色标顺序是黄、紫、橙、银,按规定可应将这些色标信息"翻译"成 47×10^3 pF、允许偏差为±10%。

五、电容量的测量方法

电容量常用的测量方法有直接测量法和间接测量法两种。

1. 直接测量法

电容量直接测量法是指运用数字万用表直接读取电容量的方法。

2. 间接测量法

电容量间接测量法是指运用电流、电压表，先测量与电容 C 成函数关系的相关参量，然后通过函数运算求得电容量的方法。此法测量误差较大，适用于大容量的电力电容器，小型的电子电容器较少采用。

六、电容器的正确使用

1. 在电容器使用之前，应对电容器的质量进行检查，以防不符合要求的电容器装入电路。

2. 电容器并联使用时，其总的电容量等于各容量的总和，但是应保证电容器并联后的工作电压不能超过并联的各个电容器最低的额定电压。

3. 电容器的串联可以增加耐压。如果两只容量相同的电容器串联，其总耐压可以增加 1 倍；如果两只容量不等的电容器串联，电容量小的电容器承受的电压要高于容量大的电容器。

4. 在电路中安装电容器时，应使电容器的标志安装在易于观察的位置，以便核对和维修。

5. 将电解电容器装入电路时，一定要注意它的极性，不可以接反，否则会造成漏电流大幅度上升，使电容器很快发热而损坏。

6. 焊接电容器的时间不宜太长，因为过长时间的焊接温度会通过电极引脚传到电容器的内部介质上，从而使介质的性能发生变化。

【训练准备】

准备 MF47 型万用表 1 块，25 V/470 μ 和 1.6 kV/5n6 电容器若干。

【训练要领】

用指针式万用表估测电容性能，测量方法、观察现象及估测结果见表 6—4。

表 6—4　　用指针式万用表估测电容器性能

训练举例	测量方法	现象描述	估测结果
25 V/470 μ/CL（电解）	选择万用表 R×100 挡，将两表笔分别接触测电容器两引脚	指针先偏向表盘 Ω 刻度线的"0"位，然后反方向迅速偏向 Ω 刻度线的"∞"位	被测电容基本正常
		指针始终停在 Ω 刻度线的"∞"位置	被测电容可能断路或失效
		指针偏向 Ω 刻度线的"0"位并停在该位置	被测电容击穿或短路
		指针先偏向 Ω 刻度线的"0"位然后反方向偏转并在刻度盘某个位置摆动	被测电容漏电
1.6 kV/5n6/CJ	选择万用表 R×10 k 挡，将两表笔分别接触测电容器两引脚	指针先向 Ω 刻度线的"0"位跳动一下，然后反方向迅速偏向 Ω 刻度线的"∞"位	被测电容基本正常

【专家提醒】

1. 5 000 pF 以下的非电解电容器用指针式万用表估测其性能时，表盘上几乎看不到指针跳动，因此只能定性判断该电容器是否击穿或严重漏电。

2. 用万用表估测电解电容器的漏电情况时，交换两表笔测量，指针停留在 Ω 刻度线上的位置（即电容器的漏电电阻）会有所区别：漏电电阻较大的一次，黑笔接触的是电解电容器的正极（因为黑笔与万用表电池的正极相接），红笔接的是电解电容器的负极。

任务 3　电感器识别与检测

任务分解

1. 了解电感器分类、型号。

2. 掌握电感参数及其标志方法。
3. 学会直接读取电感数值的方法。
4. 学会用 MF47 型万用表估测电感器性能。

【知识链接】
一、电感器的分类

电感器（线圈）种类繁多，按结构形式分为固定电感器、可变电感器；按导磁体性质分为空心线圈、铁心线圈等；按工作性质分为天线线圈、振荡线圈、扼流线圈、偏转线圈等；按绕线结构分为单层线圈、多层线圈、蜂房式线圈。

常用电感器的外形和图形符号如图 6—4 所示。

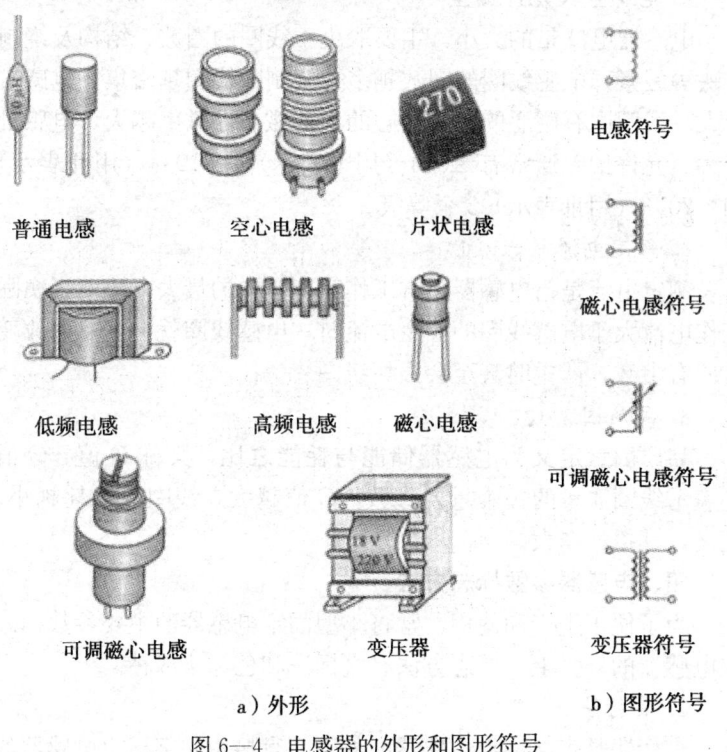

图 6—4　电感器的外形和图形符号

二、电感器型号

根据国家有关标准规定,电感器型号一般由下列 4 部分组成:

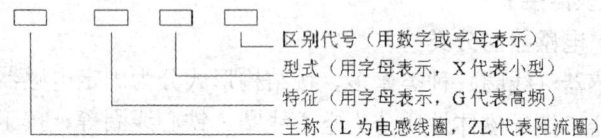

例如,LGX 型为小型高频电感线圈。

三、电感器主要参数

1. 电感量及允许偏差

电感器电感量的大小,主要取决于线圈的圈数、结构及绕制方法等因素。电感线圈的圈数越多,绕制的线圈越密集,电感量越大;线圈内有磁心的比无磁心的大,磁心导磁率越大,电感量越大。允许偏差通常有±5%(用Ⅰ表示)、±10%(用Ⅱ表示)和±20%(用Ⅲ表示)3 个等级。

2. 额定电流

额定电流是指电感器正常工作时能承受的最大电流。当实际工作电流大于电感线圈的额定电流时,电感线圈就会发热而改变其原有参数,严重时甚至会损坏线圈。

3. 品质因素 Q

品质因素定义为电感器储能与耗能之比,又称 Q 值。Q 值是表示线圈质量的一个重要参数,Q 值越大,线圈的损耗越小;反之,其损耗越大。

四、电感器参数标志方法

为了便于生产和使用,常将小型固定电感器的主要参数标志在电感器的外壳上,标志方法有直标法和色标法两种。

1. 直标法

直标法是指在小型电感器的外壳上直接用文字标出电感器的电感量、允许偏差和额定电流等主要参数的方法。

2. 色标法

色标法是指在电感器的外壳上涂有不同颜色的色环,用来表明其主要参数的方法。

【训练准备】

MF47 型万用表 1 块,电感器、小型电源变压器各 1 个。

【训练要领】

1. 固定电感的检测

用万用表 R×1 挡测电感线圈直流电阻。若有直流电阻(一般在几欧到几十欧),且外形无破损、变色现象,基本可判断电感器正常;若直流电阻为 0,则电感器内部短路;若直流电阻为 ∞,则电感器内部开路。

2. 判断变压器一、二次绕组

用万用表 R×1 挡或 R×100 挡判断变压器一次绕组(也叫初级)和二次绕组(也叫次级),如为降压变压器,一次绕组匝数多,线径细,电阻大;二次绕组匝数少,线径粗,电阻小。因此,万用表检测直流电阻大的线圈是变压器的一次绕组;直流电阻小的线圈是变压器的二次绕组。

3. 判断变压器故障性质

用万用表电阻挡判断变压器的一次绕组和二次绕组是否存在短路或开路故障,检测结论同固定电感器。

【安全警示】

1. 注意区别变压器的一次侧并不总是高压侧、二次侧并不总是低压侧,如半导体管收音机的输入、输出变压器所测直流电阻大小刚好相反。

2. 由于万用表的电池电压较低(最高挡 9 V),故对变压器的绝缘性能检测不够准确,建议用 500 V 以上的绝缘电阻表测量。

任务4　半导体管识别与检测

任务分解

1. 能够准确识别半导体二极管，并能用万用表判断其管脚和性能。

2. 能够准确识别半导体三极管，并能用万用表判断其管脚和性能。

【知识链接】

一、认识半导体二极管

1. 二极管结构、分类

半导体二极管旧称晶体二极管，简称二极管。二极管是利用半导体 PN 结的单向导电性制成的器件，在电路中主要用于整流、检波及稳压等。二极管的规格品种很多，按用途分有整流二极管、检波二极管、稳压二极管、发光二极管等，其外形及图形符号如图 6—5 所示；按所用半导体材料的不同，可分为锗二极管、硅二极管；按结构工艺不同，可分为点接触型和面接触型二极管。二极管的参数主要有最大整流电流、正向导通压降、反向击穿电压、结电容、最高工作频率等，这些都可在有关手册上查到。

2. 二极管型号命名

按国家标准，国产二极管型号一般由 5 部分组成。第一部分用数字表示半导体分立器件的电极数目；第二部分用字母表示半导体分立器件的材料和极性；第三部分用汉语拼音字母表示半导体分立器件的类别；第四部分用数字表示半导体分立器件的序号；第五部分用字母表示区别代号。选用时主要考虑前面 3 部分。

3. 二极管选用

选用二极管时主要考虑二极管的正反向电阻值、工作频率、正向电压、最大整流电流、最高反向工作电压、反向漏电流等参数的影响。

通常半导体二极管的正向电阻值为 $300\sim500$ Ω，硅管为 $1\,000$ Ω 或更大些。锗管的反向电阻为几十千欧，硅管反向电阻在 500 $k\Omega$ 以上（大功率二极管的数值要小得多），正反向电阻的差值越大，说明管子的质量越好。

点接触型二极管的结电容小，工作频率高，但不能承受较高的电压和较大的电流，多用于检波、小电流整流和高频开关电路。面接触型二极管结面积大，能承受较大的电流和较大的功耗，但结电容较大，一般用于整流、稳压、低频开关电路，而不适于作高频检波等高频电路。

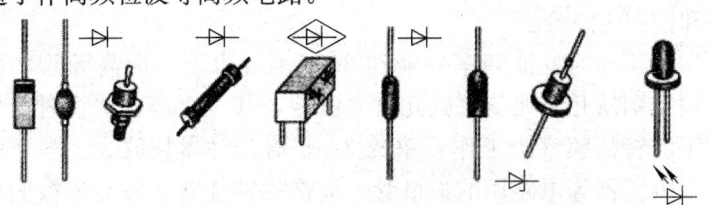

整流二极管　　高压整流管　整流桥　检波二极管　稳压二极管　发光二极管

图 6—5　常见二极管外形及其图形符号

二、认识半导体三极管

1. 三极管结构、分类

半导体三极管旧称晶体三极管，简称三极管或晶体管。三极管有 PNP 型和 NPN 型两种。它有两个结（集电结和发射结）、3 个区（基区、集电区和发射区）和 3 个电极（基极 b、集电极 c 和发射极 e）。三极管发射极电流可以被基极电流控制，使集电极电流随之改变。

三极管的规格品种繁多，可分为高频大功率管、高频低噪声管、低频大功率管、低频小功率管、高速开关管、功率开关管等，其外形及图形符号如图 6—6 所示。按照制造材料可分为锗管和硅管。锗管的导通电压低，适合在低电压电路中工作；硅管的温度特性比锗管好，穿透电流小。三极管的性能参数一般分为交流参数、直流参数和极限参数，如最大耗散功率、特征频率、击穿电压、截止电流、最大容许电流、电流放大系数、正身压降、饱和压降等。在有关参数手册上都可以查到。

2. 三极管型号命名

国产三极管型号命名规则同二极管。

3. 三极管的选用

根据用途的不同，选用三极管一般要考虑这样几个因素：频率、集电极最大耗散功率、电流放大系数、反向击穿电压、稳定性和饱和压降等。

低频管的特征频率一般在 2.5 MHz 以下，而高频管的特征频率则从几十兆赫兹到几百兆赫兹，甚至更高，选管时应使管子的特征频率为工作频率的 3～5 倍。对高频放大、中频放大、振荡器等电路用的三极管，应选用特征频率较高、极间电容较小的三极管，以保证在高频情况下仍有较高的功率增益和稳定性

三极管的电流放大系数 β 值可略选大一点，但 β 值太高容易引起自激振荡，而且 β 值高的管子受温度影响大。

此外，集电极—发射极反向击穿电压 $U_{(BR)CEO}$ 应选得大于电源电压。穿透电流 I_{CEO} 越小，管子的稳定性越好。普通硅管的稳定性比锗管的稳定性要好得多，但硅管比锗管的饱和压降要高。

【训练准备】

MF47 型万用表 1 块，各种规格的二极管、三极管若干。

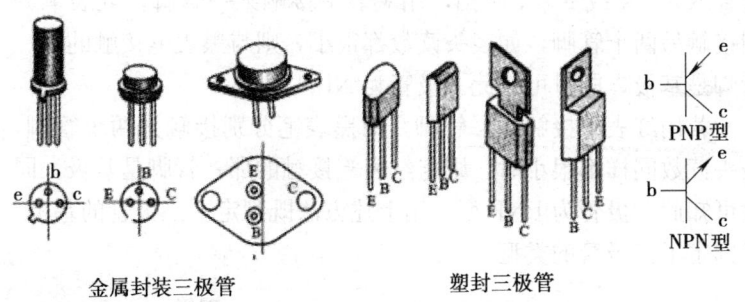

　　　金属封装三极管　　　　　塑封三极管

　　　　　　　a）外形　　　　　　　　　　b）图形符号

图6—6　常见三极管外形及图形符号

【训练要领】

1. 二极管的极性和性能判定

（1）二极管的极性判断。一般情况下，二极管有色环的一端为负极，有色点的一端为正极。例如2AP1～2AP7型，2AP11～2AP17型等。如果是玻璃壳封装，可直接看出极性，即内部连触丝的一头是正极，连半导体片的一头是负极。

（2）二极管性能判定。如果既无色点又不是透明封装，则可以用万用表来判别其极性。根据二极管正向导通时导通电阻小，反向截止电阻大的特点，将万用表拨到欧姆挡（一般用R×100或R×1k挡），用万用表的表笔分别接二极管的两个管脚，测出一个电阻；然后将两表笔对换，再测出一个阻值，则阻值小的那一次黑表笔所接一端为二极管的正极，另一端即为负极。因为黑表笔与万用表内电池正极相连。

（3）二极管性能判断。若两次测量二极管的阻值都很小，则说明管子内部短路；若两次测得的阻值都很大，则说明管子内部断路。

2. 三极管的测量

（1）判定三极管的管型和基极。如图6—7所示，将万用表旋到 R×1 k 或 R×100 挡，用黑表笔接触某一管脚，红表笔分别接触另两个管脚，如表头读数都很小，则与黑表笔接触的那一管脚是基极，同时可知此三极管为 NPN 型。

若用红表笔接触某一管脚，而黑表笔分别接触另两个管脚，表头读数同样都很小时，则与红表笔接触的那一管脚是基极，同时可知此三极管为 PNP 型。用上述方法既判定了三极管的基极，又判定了三极管的类型。

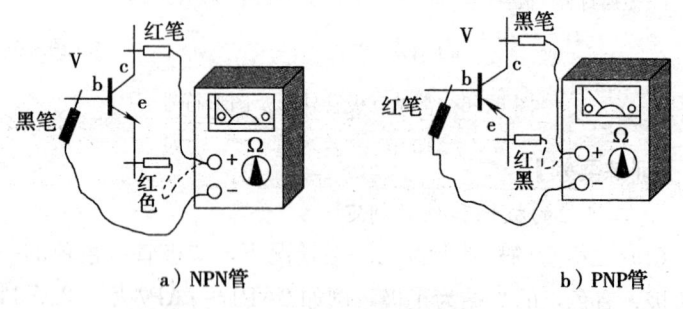

a）NPN管　　　　　　　　　　b）PNP管

图 6—7　万用表判定三极管的管型和基极

（2）判定三极管的发射极和集电极。以 NPN 管为例，判定三极管的发射极和集电极，如图 6—8 所示。确定基极和管型后，假设其他两只管脚中一只是集电极，另一只即假设为发射极。用手指将已知的基极和假设的集电极捏在一起（但不要相碰），将黑表笔接在假设的集电极上，红表笔接在假设的发射极上，记下万用表指针所指的位置，然后再作相反的假设（即原先假设为 c 的假设为 e，原先假设为 e 的假设为 c），重复上述过程，并记下万用表指针所指的位置。比较两次测试的结果，指针偏转大的（即阻值小的）那次假设是正确的。

【专家提醒】

1. 一些高反压的二极管（其本质为整流硅堆）用普通万用

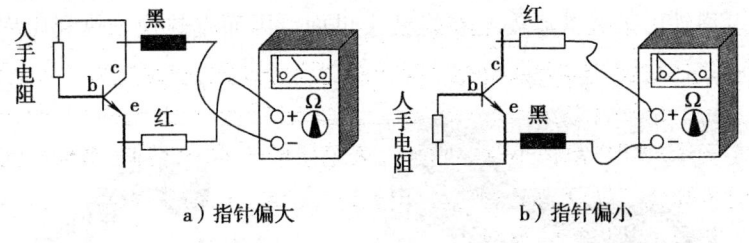

a) 指针偏大　　　　　　　　b) 指针偏小

图 6—8　三极管的发射极和集电极判断方法

表的直流电阻挡可能无法准确测出其阳极和阴极，通常直接看其本体上的二极管图形符号或标记。

2. 注意区别三极管和单极晶体管的作用及图形符号，尽管外观可能比较相似，初学者容易混淆。

任务5　电气元件整形和焊接技术

任务分解

1. 掌握典型电气元件的整形工艺要求。
2. 在多孔板上反复练习钎焊技术，熟练掌握其焊接要领。

【知识链接】

一、电烙铁的使用

电烙铁是进行手工焊接最常用的工具，它是根据电流通过加热元件产生热量的原理而制成的。常用电烙铁的标称功率有 20 W、35 W、50 W、75 W、150 W、200 W 等，应根据需要选用。常用的电烙铁有普通电烙铁、吸锡电烙铁、恒温电烙铁等。

普通电烙铁又可分为外热式电烙铁和内热式电烙铁两种，如

图6—9所示。外热式电烙铁烙铁头安装在烙铁心里面。内热式电烙铁由于烙铁心安装在烙铁头里面,因而发热快,热利用率高。

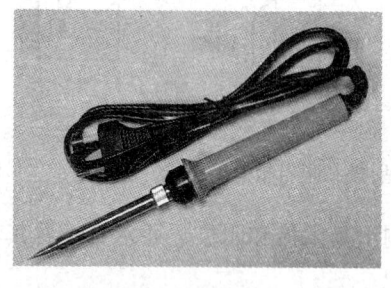 

a）内热式电烙铁　　　　　　b）外热式电烙铁

图6—9　电烙铁结构

普通电烙铁使用前必须先给烙铁头镀上一层焊锡,具体方法是:首先把烙铁头锉成需要的形状,然后接上电源,当烙铁头温度升至能熔化锡时,将松香涂在烙铁头上,再涂上一层焊锡,直至烙铁头的刃面部挂上一层锡,便可使用。

二、焊料选择

焊料是指易熔的金属及其合金,作用是将被焊物连接在一起。它的熔点比被焊物的熔点低,而且易与被焊物联结为一体。

焊料按组成成分划分有锡铅焊料、银焊料、铜焊料;按使用的环境温度分有高温焊料和低温焊料。熔点在450℃以上的称为硬焊料;熔点在450℃以下的称为软焊料。

在导线连接或电子产品装配中,一般都选用锡铅系列焊料,也称焊锡。其形状有圆片、带状、球状、焊锡丝等几种。常用的焊锡丝如图6—10a所示,在其内部夹有固体焊剂松香。焊锡丝的直径有 $\phi 4$ mm、$\phi 3$ mm、$\phi 2$ mm、$\phi 1.5$ mm 等规格。

焊锡在180℃时便可熔化,使用25 W外热式或20 W内热式电烙铁便可以进行焊接。它具有一定的力学强度,导电性能、抗腐蚀性能良好,对元件引线和其他导线的附着力强,不易脱落,因此在焊接技术中得到了极其广泛的应用。

三、助焊剂选择

在进行焊接时,为能使被焊物与焊料焊接牢靠,就必须去除焊件表面的氧化物和杂质。去除杂质通常有机械方法和化学方法,机械方法是用砂纸和刀子将氧化层去掉;化学方法则是借助于焊剂清除。焊剂同时也能防止焊件在加热过程中被氧化以及把热量从烙铁头快速地传递到被焊物上,使预热的速度加快。

松香酒精焊剂是乙醇溶解纯松香配制成 25%~30% 的乙醇溶液。其优点是没有腐蚀性,具有高绝缘性能和长期的稳定性及耐湿性。焊接后清洗容易,并形成覆盖焊点膜层,使焊点不被氧化腐蚀,因此电子线路中的焊接通常都采用松香、松香酒精焊剂。常用焊剂材料如图 6—10b、图 6—10c 所示。

另外还有焊锡膏和稀盐酸,焊锡膏具有较强腐蚀性,一般用在较大截面的焊接上,如电动机线头的焊接。稀盐酸具有强腐蚀性,一般用在大截面的焊接上,如钢铁件的焊接。

a) 焊锡丝　　　　b) 助焊剂　　　　c) 松香

图 6—10　常用焊接材料

四、电气元件的装配工艺

电气元件的装配工艺大致可分为清理、整形、焊接、检查 4

项工序。

1. 焊接前的清理

焊接前的清理包括元件的清理和线（电）路板的清理两方面的内容。

2. 元件的整形

分立电气元件在装配或插入线路板之前，必须根据其外形特点以及焊点之间的位置关系，对元件的引（管）脚进行整形处理。

3. 焊接操作过程

焊接操作过程可以概括为准备、加热、上锡、去锡和移开电烙铁5步。

4. 焊接后的检查

（1）检查线路板。重点检查线路板是否出现焊接变形、敷铜面翘皮等现象。

（2）检查元件。检查电容器、电阻器等有无焊接高温烧坏现象；检查半导体管的管脚极性有无接错或虚焊、松动；检查变压器的引脚有无松动或脱落现象（由于焊接时间过长和焊接温度过高导致）；检查元件的焊接高度和引脚位置是否符合整机的装配要求等。

（3）检查焊点质量。焊点的质量是电子产品稳定、长期、可靠工作的保证。对于焊点的一般性要求是：可靠的电气连接、足够的力学强度和光洁整齐的外观。良好的焊点应该具有：表面光泽平滑、无裂纹、针孔、夹渣、漏焊、拉尖、粘连等现象；焊料的连接面呈半弓形凹面；引脚露出焊料高度为 $0.5\sim 1$ mm。

【训练准备】

内热式电烙铁1把，多孔线路板1块，各种方向引脚的电阻器、电容器及半导体管元件若干。

【训练要领】

1. 元件整形

选用典型电阻器、电容器及半导体管按生产工艺要求练习引脚整形，整形后的安装形式见表 6—5。

表 6—5 常用电气元件的整形要求和整形后的安装形式

元器件	整形要求	安装形式
电阻器、电容器	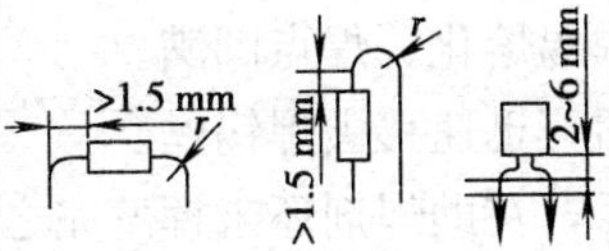 >1.5 mm r >1.5 mm r 2~6 mm 弯曲半径r大于2倍引脚外径	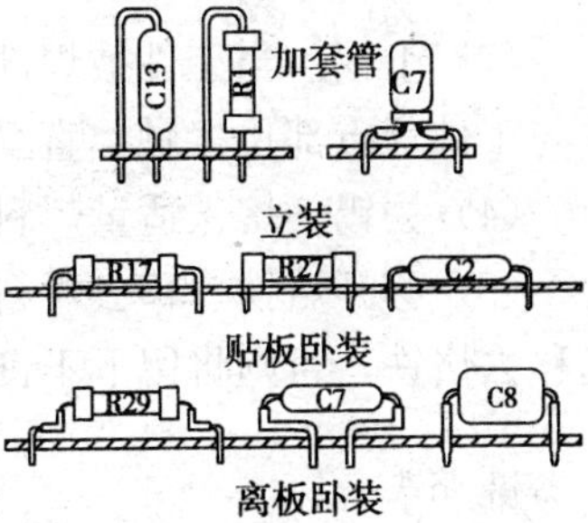 C13 R1 加套管 C7 立装 R17 R27 C2 贴板卧装 R29 C7 C8 离板卧装
二极管	二极管弯曲时不要从根部弯曲，至少留 3～5 mm	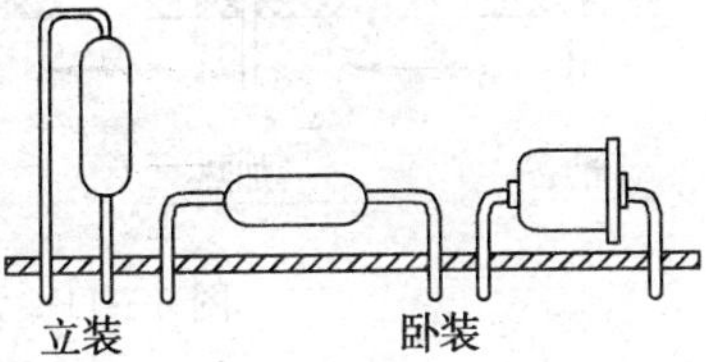 立装 卧装
三极管	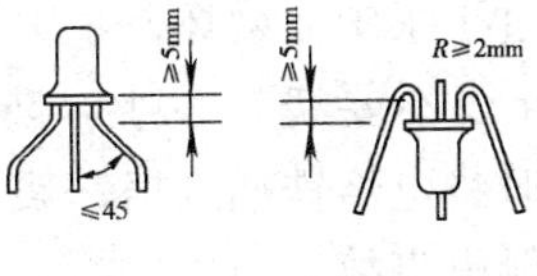 ≥5mm ≤45 ≥5mm R≥2mm	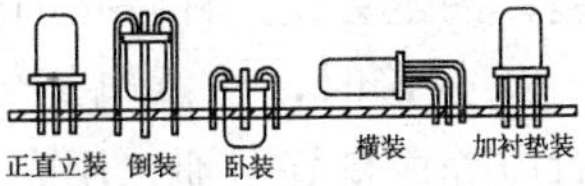 正直立装 倒装 卧装 横装 加衬垫装

2. 焊接练习

将刚才整形后的元件按照工艺要求焊接在多孔板上。焊接操作时，严格按以下工艺要求完成。焊接操作过程如图 6—11 所示。

（1）准备。准备好被焊工件、材料等，插上电烙铁电源，元件整形并插入线路板，左手握烙铁，右手捏焊丝。

（2）加热。烙铁头同时接触工件的焊盘、元件的引脚进行加热。

（3）上锡。当工件被焊部位升温到焊接温度时，送上焊锡丝并与工件焊点部位接触，直至焊锡熔化、焊点圆满。

（4）去锡。熔入适量焊料后，迅速移去焊锡丝。

（5）移开烙铁。移去焊料后，在助焊剂还未挥发完之前，迅速移去烙铁，否则将留下不良焊点。

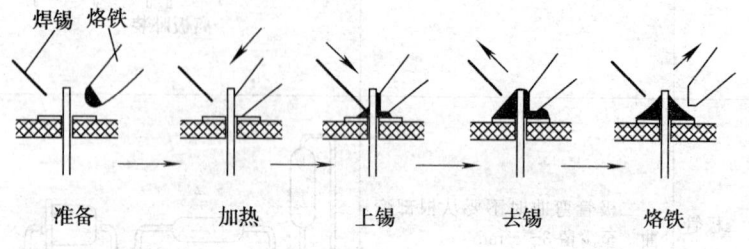

图 6—11 元件的焊接过程

【安全警示】

1. 元件整形时，应特别注意引脚预留的长度，以免将元件扳裂，甚至会使元件焊接时热量过于集中而烫坏。

2. 焊接时，注意电烙铁的导线不要绕在手上，防止漏电。同时应养成良好习惯，用完后及时将电烙铁插入烙铁架，防止烫坏其他物品或烫坏电源线而引发触电事故。

任务6 简单稳压电源安装和调试

任务分解

1. 熟悉简单稳压电源的工作原理。
2. 会安装、调试简单稳压电源。

【知识链接】

图 6—12 所示为一简单整流稳压电路。交流电源经变压器 T 变换成所需的低压交流电；再经由二极管 VD1～VD4 组成的桥式整流电路变成脉动的直流电源加到滤波电解电容 C、限流电阻 R 和稳压二极管 V 组成稳压电路，最后加到负载 R_L 上。稳压过程分析如下：

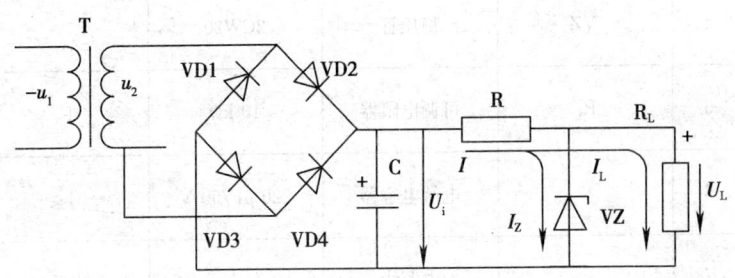

图 6—12 简单整流稳压电路

设负载电阻 R_L 不变，电网电压波动升高，于是

$$u_1 \uparrow \rightarrow U_i \uparrow \rightarrow U_L \uparrow \rightarrow I_Z \uparrow \uparrow \rightarrow IR \uparrow \uparrow$$

因为

$$U_i = IR + U_L \qquad (6—2)$$

所以

$$U_L \downarrow$$

【训练准备】

1. 万用表和电烙铁各 1 个,焊锡丝 1 段,安全防护用品 1 套。

2. 配齐如图 6—12 所示电路的元件,见表 6—6。

表 6—6 简单整流稳压电路元件配置清单

序号	符号	名称	型号规格	数量
1	T	变压器	220/36 V(可调)	1
2	VD1~VD4	二极管	1N4007	4
3	R	电阻器	2.4 kΩ(限流)	1
4	VZ	稳压管	2CW20	1
5	R_L	可调电阻器	10 kΩ	1
6	C	电解电容器	220 μF/50 V	1
7		电源线		若干
8		多孔线路板		1

【训练要领】

1. 元件装配

(1) 根据电路图检查元件及工具配发是否满足训练要求。

(2) 选定多孔线路板上方的长直连接导线作为电源线，下方的长直连接导线作为地线。

(3) 依次找准电阻器、电容器、二极管的安装位置，然后将元件的引脚整形后插在指定位置，检查无误后焊牢，并剪去多余引脚。

2. 整机调试

(1) 静态调试。复查无误后，接交流 36 V 电源调试，测量整流桥后的直流电压；负载两端的直流电压；断开稳压管一端，串入电流表，测量稳压管中的电流值；断开负载 R_L 一端，串入电流表，测量负载中的电流。记录上述测量值。

(2) 动态调试。调节输入交流电压，分别测量电阻 R 上的电压和负载 R_L 端电压，观察变化情况，记录测量结果。调节负载电阻 R_L，分别测量电阻 R 上的电压和负载 R_L 端电压，观察变化情况，记录测量结果。

3. 分析数据

根据测量结果，分析电路的稳压范围，对电路参数做适当修正。

【安全警示】

1. 多孔线路板焊接时间不宜过长，否则敷铜层容易翘皮。

2. 动态调试时，负载电阻 R_L 不宜调得过小，以免将限流电阻 R 烧坏。

任务7 三极管单管放大电路安装和调试

任务分解

1. 熟悉三极管单管放大电路的基本结构和工作原理。

2. 能够严格按照生产工艺要求装配三极管单管放大电路。

【知识链接】

图 6—13 所示电路为三极管单管共射放大电路,VT 为放大三极管,电阻 R_b 和 R_c 为电路正常工作提供的偏置电阻,电解电容 C1 将输入的小信号耦合到放大管的基极,电解电容 C2 将放大后的交流信号输出给负载或后级电路。

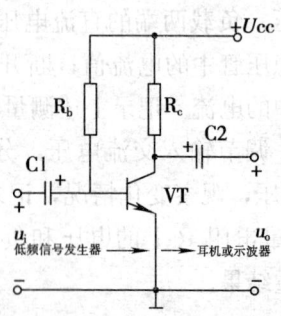

图 6—13 三极管单管放大电路

【训练准备】

1. 万用表、电烙铁各 1 个,焊锡丝 1 段,安全防护用品 1 套。

2. 配齐图 6—13 所示电路的元件,见表 6—7。

表 6—7　　三极管单管放大电路元件配置清单

序号	符号	名称	型号规格	数量
1	VT	三极管	9014	1 个
2	R_b	电阻器	300 kΩ/0.125 W	1 个
3	R_c	电阻器	4 kΩ/0.125 W	1 个

续表

序号	符号	名称	型号规格	数量
4	C1	电解电容器	4.7 μF/25 V	1个
5	C2	电解电容器	47 μF/25 V	1个
6	S	电源开关（带电位器）		1个
7		印制电路板		1块
8		电源线		若干
9		直流12 V电源		1路
10		低频信号发生器		1台
11		示波器		1台
12		耳机		1个

【训练要领】

1. 元器件装配

元件装配工艺流程如图6—14所示。元件装配时，要求电阻器采用水平安装，贴紧印制电路板。电阻器的色环方向应一致，便于读数。三极管、电容器直立安装，三极管底部距离印制电路板5 mm；电容器尽量插到底。电源开关引线焊接处应加绝缘套管。

2. 电路调试与检测

(1) 调试前，应用万用表仔细检查电路有无开路或短路情况，并经指导教师检查装配合格后方可进入调试工作。

(2) 静态调试。接通电源，但不加入信号，检测三极管VT

集电极对地电压应为 6 V 左右。断开集电极电阻测试点，串入电流表（万用表电流挡），检测 VT 集电极电流应为 1.5 mA 左右。记录实际测量值。

（3）动态调试。用低频信号发生器从 C1 端接入合适幅度的低频信号，用耳机从 C2 端试听或用示波器观察输出波形的相位和幅度变化情况，并做好记录。

（4）分析数据。与设计值比较，若波形严重失真或误差太大，应对检查电路装配情况或对电路参数做进一步修正。

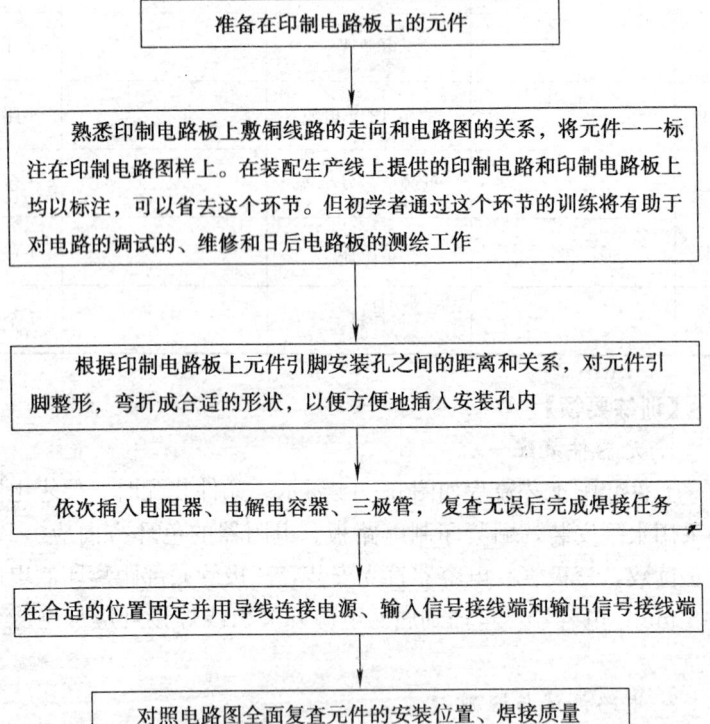

图 6—14 在印制电路板上装焊元件工艺流程图

【安全警示】

1. 元件需经检查无误后再整形、插装、焊接，以免因拆焊不当损坏印制电路板。

2. 动态调试可在指导教师的演示下辅助完成。